Raimo Gareis

Deutsche Dieseltriebfahrzeuge *von gestern*

Deutsche Dieseltriebfahrzeuge *von gestern*

Raimo Gareis

KRONE

Die Deutsche Bibliothek-CIP-Einheitsaufnahme

Deutsche Dieseltriebfahrzeuge von gestern

1. Auflage 2001

Printed in Germany

Herausgeber: Dieter Krone, Leichlingen/Rhld.
Konzept: Dr. Raimo Gareis, Oberschützen/Bgld.
Layout, Satz und Gestaltung: Dr. Raimo Gareis, Oberschützen/Bgld.
Lektorat: Jörg Mackenbach, Nettetal
Druck: Druckhaus Locher, Köln

Bildnachweis:
Porträt Raimo Gareis über Klappentext: Fritz Kempe (†), Hamburg
alle anderen Bilder stammen vom Autor

ISBN 3-933241-36-7

Inhalt

Vorwort
Abschied von den Dieseltriebfahrzeugen des 20. Jahrhunderts

„1971. Die Dampftraktion geht weltweit einem deutlich absehbaren Ende entgegen. In Europa und Übersee. Das wird immer mehr Menschen ganz plötzlich bewusst. Menschen, die vor allem durch diese Erfindung des 19. Jahrhunderts eine Mobilität gewannen, von denen vergangene Generationen nur träumen konnten."

So begann ich das Vorwort meines Buches *Dampflok Alltag*. Damals begann der *Run* auf alles, was noch auf den Schienen dampfte und schnaufte. Tausende von Eisenbahnbegeisterten jagten die letzten Vertreter einer überholten Technik mit Kamera und Tonband. Manche Abschiedsveranstaltungen glichen Volksfesten, bisweilen auch Tollhäusern. Noch einmal versuchten so viele unermüdliche Eisenbahner und ihre Helfer aus den Eisenbahnvereinen, die Faszination einer vergangenen Zeit vor unseren Augen für einige Momente wieder erstehen zu lassen.

Die Zeit verstrich. Die Dampflok war aus dem rauen Eisenbahnalltag längst verschwunden. Für die neuen Traktionstechniken aber interessierten sich anfangs nur wenige, nicht nur auf das Schauspiel der Dampflok beschränkte Eisenbahnfreunde. Elektro- und Dieselloks hatten die Stelle der Dampfloks aus der Stunde Null der Technik eingenommen. Während die Elektrotraktion schon am Anfang des Jahrhunderts vor allem durch das unermüdliche Wirken der Firma Siemens einen hohen Entwicklungsstand erreichte und in der Folge speziell in den Gebirgsgegenden der Alpen, wo einerseits Wasserkraft elektrischen Strom verfügbar machte und zum anderen wegen der erherblichen Steigungen leistungsstarke Lokomotiven erforderlich waren, zügig Eingang gefunden hatte, brauchte die Einführung von Verbrennungskraftmaschinen mit Dieselmotoren im Lokomotivbau wesentlich längere Anlaufzeiten.

Die Eisenbahninteressierten fanden deshalb Ende der 70er Jahre vor allem noch viele aus der Anfangszeit der Elektrotraktion stammende Maschinen vor, die nach dem Verschwinden der Dampflok die Aufmerksamkeit der Eisenbahnfotografen zuerst auf sich ziehen konnten. Aber das sind schon andere Bücher, die sich mit den Bildern der Elektrotraktion von gestern befassen.

Dieses Buch ist den eher unscheinbaren Diesellokomotiven gewidmet, die bei ihrem ersten Erscheinen auf den Gleisen der deutschen Eisenbahnen von den vielen in- und ausländischen Dampflokfreunden verflucht wurden. Ich vergesse nie einen Spruch britischer Eisenbahn-Fans an einem kleinen Bahnwärterhäuschen beim Kilometerstein 79,6 der berühmten *Schiefen Ebene*, dem letzten Einsatzgebiet der legendären Baureihe 01 der Deutschen Bundesbahn. Er lautete: *Steam forever – Diesels to hell!*

Was den ersten Teil ihres Bekenntnisses anlangt, sieht die heutige Eisenbahnszene gar nicht so schlecht aus. Tausende von Eisenbahnbegeisterten haben in Deutschland und Europa viele alte Dampfloks restauriert und inzwischen einen umfangreichen Museumsbahnbetrieb aufgebaut, mit dem die ergrauten Dampflokbegeisterten ihren Kindern ein wenig von der Faszination ihrer Jugendzeit vermitteln können. Dabei kam ihnen die wesentlich großzügigere Dampflokomotiverhaltung bei der ehemaligen Deutschen Reichsbahn der DDR sehr entgegen.

Und wie steht es mit dem innigen Wunsch *Diesels to hell!*? Etwas aus dem Zusammenhang herausgelöst könnte es die Erklärung für dieses Dieseltriebfahrzeugbuch abgeben. Anders als bei den offenbar besonders robust gebauten alten Elektroloks wurden zumindest die Nachkriegs-Diesellokomotiven so konstruiert, dass eine Einsatzdauer von höchstens 30 Jahren zugrunde gelegt wurde. In den 50er, 60er und 70er Jahren gebaut, heißt das ja wohl nichts anderes, als dass der Großteil der ersten Generation der Diesellokomotiven tatsächlich schon *gen Hell* – sprich in die Hochöfen – gefahren ist. Der Rest wird schnell folgen. Das war für mich speziell Anfang der 80er Jahre Grund genug, mich vorsorglich auch auf die Fotografie der Diesellokomotiven zu konzentrieren.

Nach gar nicht so langer Eingewöhnungszeit konnten mich auch diese zuerst im Vergleich zu Dampfloks recht unscheinbaren Fahrzeuge in ihren Bann ziehen. Vor allem die verschiedenen Spielarten der einzelnen Baureihen hatten es mir dabei angetan. Dieser Bildband ist ein Versuch, etwas von meinen Erlebnissen auf den Betrachter zu übertragen.

260 322-3

Zwischen Kohle und Strom
Dieseltriebfahrzeuge finden langsam Einsatz bei der Eisenbahn

Zu Beginn des gerade vergangenen Jahrhunderts zeichneten sich gravierende technische Änderungen ab, die auch auf die Traktion der Eisenbahn entscheidenden Einfluss ausüben sollten. Vor allem zwei Erfindungen seien dabei herausgehoben. *Werner von Siemens* hatte 1866 die Entdeckung des *Dynamoelektrischen Prinzips* angezeigt, dem schon 1879 der Bau der ersten leistungsfähigen Elektrolokomotive für die Berliner Gewerbeausstellung durch Siemens & Halske folgte. Sie war sozusagen die Urmutter unserer heutigen Elektrolokomotiven.

Ungefähr zur gleichen Zeit versuchte man auch auf der Basis von Leuchtgas, Benzin und Dieselöl Antriebsmotoren zu entwickeln. *Rudolf Diesel* stellte der Öffentlichkeit 1892 seine *Theorie und Konstruktion eines rationellen Wärmemotors* vor. Auf ihrer Basis erfolgte 1897 die Abnahme des ersten, schon beachtlich leistungsfähigen Dieselmotors.

Der Einsatz dieser neuartigen Antriebsmittel bei der Eisenbahn verlief mit unterschiedlicher Schnelligkeit. Ursache dafür war nicht zuletzt die Verfügbarkeit der verschiedenen Brennstoffe. Während in Deutschland Steinkohle in beliebiger Menge zur Verfügung stand, waren die Ölvorkommen eher bescheiden und für den sich im Verkehr abzeichnenden Bedarf keineswegs ausreichend. Elektrischer Strom ließ sich aus Kohlekraftwerken, im Gebirge zusätzlich und preisgünstig aus Wasserkraftwerken gewinnen.

Während die Technik der Dampflokomotive zur Zeit der Jahrhundertwende schon weitgehend entwickelt war und die Dampflok leistungsmäßig ihrem Höhepunkt zustrebte, steckte die Leistungsübertragung der Dieselmotoren noch in den ersten Anfängen.

Aus all diesen Gründen erscheint es eigentlich kaum verwunderlich, dass neben der Dampftraktion zuerst die Elektrolokomotiven Eingang bei den Eisenbahnverwaltungen in Deutschland und Österreich fanden. Die Entwicklung von Diesellokomotiven beschränkte sich in den ersten zwei Jahrzehnten auf wenige Versuchsfahrzeuge und einige Feldbahnlokomotiven für militärische Zwecke im Ersten Weltkrieg. Fußend auf der Entwicklung von leichten und leistungsfähigen Dieselmotoren für Schiffe, Flugzeuge und Tanks während des Krieges, begann in den zwanziger Jahren eine stürmische Entwicklungszeit Dabei erwiesen sich die Staatsbahnen der UdSSR als treibende Kraft. Russland besaß einerseits Erdöl im Überfluss. Zum anderen machte sich bei den langen Überlandstrecken zunehmend ein Wassermangel bemerkbar. Diesellokomotiven schienen eine vorteilhafte Alternative zu den bisher eingesetzten Dampflokomotiven zu sein. Über einige politisch bedingte Umwege erhielt die Maschinenfabrik Esslingen den Auftrag zum Bau der ersten dieselelektrischen Streckenlokomotive, die 1924 fertiggestellt wurde. Der Dieselmotor stammte dabei von MAN und der elektrische Teil von BBC.

Aufträge für Versuchsstreckenlokomotiven mit dieselhydraulischem Antrieb durch die Deutsche Reichsbahngesellschaft erbrachten zwar vielseitige Erkenntnisse, aber bis zum Zweiten Weltkrieg noch keinen Prototyp für eine Serienfertigung.

Wesentlich erfolgreicher verlief vor dem Zweiten Weltkrieg die Entwicklung von Kleinlokomotiven mit Dieselantrieb. Die DRG hatte Ende der zwanziger Jahre einen ständig steigenden Bedarf an dieser Lokomotivart, weil sie einerseits die schon recht betagten T3 (Teckel) Tenderloks möglichst kostengünstig ersetzen musste und zum anderen die vielen regionalen Güterzüge mit ihren langen Verschubaufenthalten auf den Bahnhöfen beschleunigt werden sollten.

Bis Ende 1938 waren ungefähr 1200 Kleinloks der sogenannten KöF (Kleinlok für Ölfeuerung)- Klasse von der DRG übernommen.

Mit Beginn der militärischen Aufrüstung 1936 spielte die Beschaffung von Dieselloks durch die Deutsche Wehrmacht eine ständig steigende Rolle. Aus Gründen der raschen Verfügbarkeit und der geringen Rauchentwicklung entschied sich die Wehrmacht für Dieselloks mittlerer Leistungskraft, vor allem für die Führung von Eisenbahngeschützen.

Kleinloks der Familie KöF und ehemalige Wehrmachtsdieselloks befanden sich Ende der 70er und Anfang der 80er Jahre noch in großer Stückzahl als Klassen 323 bzw. 236 im Bestand der Deutschen Bundesbahn. Der Entschluss war schnell gefasst: Auch sie sollten im Foto dokumentiert werden.

DB

2020.01

Deutschland im Vergleich zu Österreich
Ähnlichkeiten und eigenständige Entwicklungen

Betrachten wir die im Vergleich zur Vorkriegszeit stürmische Entwicklung der Diesellokomotiven in Deutschland und Österreich, so fallen zuerst die Ähnlichkeiten ins Auge. Sowohl in der Bundesrepublik als auch in der Deutschen Demokratischen Republik und in Österreich war nach dem Zusammenbruch der Wiederaufbau eines funktionierenden Verkehrswesens vordringliche Aufgabe. Die Eisenbahnverwaltungen konzentrierten sich daher zuerst auf die Instandsetzung eines durch die Kriegsereignisse sehr in Mitleidenschaft gezogenen Fuhrparks aus einer Unzahl von Dampflokomotivtypen und Splittergruppen. In dieser Situation stellte sich natürlich schon früh die Frage nach einer zukunftsweisenden Neubeschaffung von Triebfahrzeugen bei allen Bahnverwaltungen.

Soweit die Ähnlichkeiten der zu bewältigenden Probleme. Im Einzelnen unterschieden sich aber die Forderungen an neue Triebfahrzeuge erheblich. Während in der BRD für den Güterverkehr genügend leistungsfähige und noch nicht betagte Dampflokomotiven zur Verfügung standen und für den Personennahverkehr Schienenbusse in großer Stückzahl gebaut wurden, fehlte es vor allem an Lokomotiven für den Fernverkehr und den Schnellzugdienst. Im Rangierbetrieb hatten sich schon vor dem Kriege Diesellokomotiven der KöF-Familie bewährt. Sie wurden auch nach dem Kriege noch weiter gebaut. Allerdings konnten diese Kleinlokomotiven die Aufgaben des mittleren und schweren Verschubdienstes nicht erfüllen. Neben den Schnellzuglokomotiven wurden deshalb Verschublokomotiven der zweite Schwerpunkt der Neuentwicklung von Diesellokomotiven. Die Baureihen V80, V200 und V60 waren die Ergebnisse dieser Planungen. Für ein abgerundetes Typenprogramm wurden 1955 dann noch die Streckenlokomotiven V100 und V160 hinzugefügt.

In der DDR spielten Diesellokomotiven vorerst keine Rolle. Die umfangreichen Transportaufgaben glaubte man in den ersten Nachkriegsjahrzehnten am besten mit der Rekonstruktion vorhandener Dampflokbaureihen bewältigen zu können. Diese vorbildlich weiterentwickelten Baureihen prägten das Bild der Dampftraktion bis in die 80er Jahre hinein. Als der bevorstehende Traktionswandel auch die DR zu einem Typenprogramm für Diesellokomotiven veranlasste, enthielt es ganz ähnliche Baureihen wie bei der DB in der BRD. Neben einer Rangierlokomotive V60.10 fanden sich zwei Streckenlokomotiven, die als V100 und V180 bezeichnet wurden. Trotz sehr guter Leistungsdaten entschloss sich die DDR 1966 wegen mangelnder Kapazität zum Import von Streckendiesselloks, die im Rahmen des RGW (dem russischen Pendant zur EG) von der Sowjetunion bezogen werden mussten. Die Baureihen 130/131/132 waren das Ergebnis dieses Importes, während die letzte von der DR beschaffte Baureihe 119 aus Rumänien bezogen werden musste.

Die inzwischen zur DB AG vereinigten Bahnverwaltungen haben vorerst keinen Bedarf an neuen Streckendiesellokomotiven. Die DB AG beschränkt sich darauf, die noch relativ neuen Dieselloks der ehemaligen DR mit neuen Motoren auszustatten und überzählige Exemplare auszumustern.

Bei der ÖBB vollzog sich die Nachkriegsentwicklung von Streckendiesellokomotiven zwar ähnlich, aber die besonderen Verkehrsbedingungen im alpenländischen Österreich beeinflussten die Entwicklung geeigneter Triebfahrzeuge nicht unerheblich. Ungefähr zur gleichen Zeit, als bei der DB die V80 als erste brauchbare Streckendiesellokomotive zum Einsatz gelangte, führte die ÖBB die Baureihe 2045 in den Betriebsdienst ein. Trotzdem gab es bemerkenswerte Unterschiede. Während die DB und später auch die DR den dieselhydraulischen Antrieb für ihr erstes Typenprogramm wählten, setzten die ÖBB anfangs auf das dieselelektrische System für ihre Streckendiesellokomotiven der Baureihen 2045 und 2050. Erst die in den 60er Jahren entwickelten Nachfolgetypen 2043 und 2143 erhielten auch bei der ÖBB den dieselhydraulischen Antrieb. Bei den Verschublokomotiven der Baureihe 2060, die ab 1954 an die ÖBB geliefert wurden und als Lokomotiven mit Einmannbedienung wesentlich kostengünstiger als die zu ersetzenden Dampfloks betrieben werden konnten, wählte man ebenfalls die dieselhydraulische Kraftübertragung. Im Gegensatz zur Baureihe V60 der DB und DR verzichtete man auf einen Stangenantrieb und konzentrierte sich auf eine fortschrittliche zweiachsige Ausführungsform.

270 057-3

K 4071

332 1304

Deutsche Kleinloks und Draisinen
Relikte aus ersten Anfängen des Dieselantriebs

In den 70er Jahren konnten noch sehr viele Dampf- und Elektrolokomotiven aus den ersten Jahrzehnten unseres Jahrhunderts bei den deutschen und österreichischen Eisenbahnen im täglichen Alltagseinsatz beobachtet werden. Ganz anders sah es bei den Diesellokomotiven aus. Streckendiesellokomotiven beschränkten sich in der Vorkriegszeit auf einige wenige Prototypen, die zur Erprobung des dieselmechanischen, -hydraulischen oder -elektrischen Prinzips entwickelt waren und wegen der Kriegsereignisse nicht zur Serienreife gebracht werden konnten.

Anders sah es bei Kleinlokomotiven und dieselgetriebenen Kleinfahrzeugen zur Erhaltung des Oberbaus aus. Auf sehr vielen Bahnhöfen und in Bahnbetriebs- und Ausbesserungswerken stieß ich bei meinen Besuchen auf der Jagd nach Dampf- und alten Elektrolokomotiven immer wieder auf Relikte aus der Anfangszeit der Dieseltraktion in Form von Draisinen und Kleinlokomotiven, die als KöF-Familie (Kleinlokomotiven mit Ölfeuerung) zusammengefasst waren und später in das Nummernschema der DB, DR und ÖBB eingereiht wurden. Vor allem folgende Typen waren in größerer Stückzahl vorhanden bzw. wurden nach dem Krieg weiter gebaut:

- **DB 236** Erste in Deutschland in Serie gebaute Diesellokomotive der Achsfolge C mit Stangenantrieb
- **DB 322** KöF der Leisungsklasse II Höchstgeschwindigkeit 30 km/h
- **DB 323** KöF II, Höchstgeschwindigkeit 45 km/h
- **DB 332** KöF III, Nachkriegsbauart mit Kettenantrieb und 45 km/h Höchstgeschwindigkeit
- **DB 333** KöF III, Nachkriegsbauart mit Gelenkwellenantrieb und 45 km/h Höchstgeschwindigkeit

Bei der ÖBB wurden alle Kleinlokomotiven und dieselgetriebenen Sonderfahrzeuge unter der Klasse X zusammengefasst:

X 112 ehemalige KöF II, 30 km/h Höchstgeschwindigkeit
X 130 ehemalige KöF mit dieselelektrischer Kraftübertragung, 30 km/h
X 150 ehemalige KöF II mit dieselhydraulischer Kraftübertragung, 30 km/h

Während die DB AG auch heute vor allem auf die jetzt als DB AG 323, 324, 332, 333, 335 geführten Kleinlokomotiven noch nicht verzichten kann, setzt die ÖBB die hier gezeigten Vorkriegstypen nur noch selten ein und führt auch keine Erhaltungsarbeiten mehr durch. Einige Exemplare finden sich noch in den Remisen.

ÖBB
X 130.03

ÖBB
X 130.02

ÖBB
X 150.03

Bilddaten

Legende: Die angebenen Zahlen bezeichnen die Seitenzahlen. Die Stellung auf der Seite wird wie folgt angegeben:
o = oben, m = mittig, u = unten
l = links, r = rechts

2 DB 912 601-2 nähert sich als Eilzug aus Richtung Lüneburg in Richtung Lübeck dem Einfahrtsignal des Bf Mölln.

6 DB 218 168-3 mit D 853 am 26.11.1972 auf der *Schiefen Ebene* bei Streckenkilometer 79,6

8 DB 260 322-3 umfährt auf dem Gütergleis die Bahnsteighalle von Lübeck Hbf mit ihrem Übergabezug vom Gbf Lübeck zum Hafen am 4.4.78.

10 Zwei Prototypen von Streckendiesellokomotiven: Oben DBV160 („Lollo" wegen ihrer noch unausgereiften Form genannt), aus der die V160-Familie hervorging. Unten ÖBB 2020, Versuchstyp einer dieselhydraulischen Streckenlokomotive mit 2200 PS, die ein Einzelstück blieb.

12ol Diesel-Draisine des Bahnbetriebswerkes Hof

12or DB 270 057-3 im Bw Stuttgart Hbf (3.78)

12ml DB 323 814 im Bf Coburg am 8.4.81

12mr DRG Ks 4071 Jubiläumsausstellung im Bw Bochum-Dahlhausen, 3.10.85

12ul DB 333 073-5 am 11.1.84 im Bf Limburg/Lahn

12ur DB 332 130-4 am 30.12.82 im Bf Siegen

13u DB 323 206-9 am 22.3.84 in Bad Münster

14ol X 626 Draisine im Bf Angertal der Tauernbahn am 30.7.81

14or X 130.03 auf dem Gelände der ZfL Wörgl am 13.12.78

14ml X 112.01 und X 150.03 am 3.5.85 im Bf Villach

14mr X 150.10 am 13.11.84 im Hbf Klagenfurt

14ul X 130.02 am 9.2.81 in der ZfL Saalfelden

14ur X 150.03 am 17.6.83 in der ZfL Wien Westbf

15o Eine Draisine der Baureihe X 626 überführt am 19.7.79 einen offenen Güterwagen von Ebensee nach Gmunden.

16 DB 333 196-4 am 6.3.84 mit einer Übergabe in Dorsten

17 DB 323 858-1 passiert mit zwei Schotterwagen das Einfahrtsignal von Hahausen am 10.3.82.

18o DB 323 734-4 auf der Drehscheibe des Rundlokschuppens in Schwandorf am 16.11.82

18u DB 323 187-5 mit einem Baukran am 2.4.82 im Vorfeld von Kiel Hbf

19o Eine Kleinlok der BR 332 mit einem lokalen Güterzug bei Trudering am 4.5.77

19u DB 333 188-1 bei der Einfahrt in den Güterbf von Lübeck am 8.5.84

260 364-5

Deutsche Diesellokomotiven für Verschubaufgaben
Das Ende der Dampftraktion begann bei den vielen Tenderlokomotiven

Zu Beginn der 50er Jahre wurden die ständig steigenden Verschubaufgaben in der Bundesrepublik noch von rund 1200 meist recht betagten Dampfloktenderlokomotiven wahrgenommen. Zwei Gründe führten zur Entscheidung, diesen überalterten und störanfälligen und darüberhinaus sehr kosten- weil personalintensiven Fuhrpark beschleunigt durch Diesellokomotiven zu ersetzen. Einmal natürlich der schlechte Erhaltungszustand der alten Lokomotiven. Zum anderen die Aussicht, trotz hoher Anschaffungskosten durch Einsparung von rund zwei Dritteln des Personals (Heizer + Wartungspersonal) den Betrieb wesentlich wirtschaftlicher gestalten zu können.

Schon 1952 begannen die Entwicklungsarbeiten, die unter Führung des BZA München von einem Firmenkonsortium schon bald zu einem Prototyp führten. Die V60-Familie war geboren. Ab 1956 begann die Serienfertigung. Bis 1963 wurden 942 V60 an die DB abgeliefert, das ist die größte Stückzahl einer Lokomotivbaureihe bei der DB. Nach Einführung der Computerkennziffern fand wegen verschiedener Lokgewichte eine Unterteilung in die Baureihen 260 und 261 statt. Seit 1.10.87 gehören die Baureihen 260/261 zu den Kleinlokomotiven und dürfen von weniger qualifiziertem Personal gefahren werden. Die DB AG führt diese Lokomotiven heute als Baureihen 360/361/364/365. Erste Ausmusterungen haben bereits begonnen.

Ähnlich wie in der Bundesrepublik mussten auch bei der DR in der DDR die alten Dampf-Verschublokomotiven bevorzugt durch Dieselloks ersetzt werden. Im Gegensatz zur DB, die mit der V60 eine C-gekuppelte Maschine beschaffte, konzentrierte sich die DR mit ihrer V60. 0 auf eine schwerere und leistungsfähigere D-gekuppelte Type, die ebenso wie die V60 der DB dieselhydraulisch angetrieben und mit Stangenantrieb versehen war. Die Auslieferung begann 1962. Heute werden diese Lokomotiven bei der DB AG als Baureihen 345/346/347 geführt.

Bei der DB eröffnete sich schon früh der Bedarf nach einer – verglichen mit den V 60-Maschinen – wesentlich stärkeren Bauart für die ständig steigenden Gewichte der Güterwagen und -züge. So entstanden die Baureihen 290/291 bei der DB, die sich an die V100 anlehnten. Sie wurden im schweren Verschub und vor Nahgüterzügen eingesetzt. Die Baureihe 291 erhielt einen gegenüber der Baureihe 290 verbesserten Motor und fand vor allem in den norddeutschen Seehäfen Verwendung.

Zwischen 1995 und 1998 wurden die Baureihen 290 und 291 mit Funkfernsteuerung versehen und danach als Baureihen 294 und 295 geführt. Durch diese Maßnahme gelang auch bei diesen schweren Maschinen eine Personaleinsparung und damit eine Rationalisierung des schweren Verschubverkehrs.

260 114-4

260 130-0
von

260 239-9
2

260 380-1
2

260 564-0

260 743-0
1

1

DB 260

DB AG 364

Baujahre: 1955-62
Anzahl: 942 Lokomotiven
Hersteller: Maschinenfabrik Esslingen, Gemeinder, Henschel, Jung, KHD, Krauss-Maffei, Krupp, MaK

C-gekuppelte, dieselhydraulische Verschublok mit Stangenantrieb. Dienstgewicht 50 t, Leistung: 650 PS, Höchstgeschwindigkeit 60km/h

Ab 1.10.87 wurden die Lokomotiven der Baureihe 260 zu Kleinlokomotiven umgewidmet und erhielten ab diesem Zeitpunkt die Baureihenbezeichnung 360. Gleichzeitig begann bei über 500 Loks die Ausrüstung mit Funkfernsteuerung. Solcherart veränderte Loks werden seither unter der Baureihe 364 geführt. Die Fernsteuerung erfolgt mittels eines Steuerkastens, den die sich frei auf dem Verschubgelände bewegenden Lokführer um den Hals gehängt vor dem Bauch tragen.

Auch nach über 40 Jahren Einsatzzeit kann die DB AG noch nicht auf diese Maschinen verzichten. Sie werden deshalb noch voll unterhalten. Nicht ganz konsequent ist diese Diesellokomotive also nicht nur eine Lok von gestern, sondern auch noch von heute, wenn auch die noch verbleibende Einsatzzeit begrenzt ist.

260 024-5

260 602-8

260 119-3
6

261 140-8

DB 261
DB AG 365

Von den 942 gebauten V60-Verschublokomotiven wurden 325 mit erhöhtem Dienstgewicht von 54 t ausgeführt. Sie erhielten bei der Umzeichnung auf Computerziffern die Baureihennummer 261.

Nach der Einstufung dieser Maschinen als Kleinlokomotiven werden sie als Baureihe 360 geführt. Fast alle wurden inzwischen mit Funkfernsteuerung ausgerüstet und danach als Baureihe 365 klassifiziert. Auch auf diese Maschinen kann die DB AG vorerst nicht verzichten. Sie gehören heute auch zum Bestand der Betriebshöfe in den neuen Bundesländern.

261 678-7

Sm
261 708-2

290 045-4

DB 290

DB AG 294

Baujahre: 1964-74
Anzahl: 407 Lokomotiven
Hersteller: MaK, KHD, Henschel

Achsanordnung: B'B'
Dienstgewicht: 78 t
Leistung: 1350 PS
Kraftübertragung: hydraulisch
Höchstgeschwindigkeit: 80 km/h

Von 1995 bis 1998 wurden die Maschinen mit Funkfernsteuerung versehen und dann als Baureihe 294 geführt. Einsatz nach wie vor im schweren Verschub und vor lokalen Güterzügen.

290 273-2

Bilddaten

20	DB 260 364-5 am 2.4.82 beim Verschub am Hafen in Kiel
21u	DB 260 883-4 am 4.5.77 in München-Trudering als Lz nach München-Ost
22ol	DB 260 114-4 am 11.2.83 im Bf Mühldorf
22om	DB 260 130-0 am 12.3.81 in München Hbf
22or	DB 260 239-9 am 16.11.82 im Bf Schwandorf
22ml	DB 260 275-3 am 2.4.82 im Bw Kiel
22mm	DB 260 380-1 am 28.9.78 in Mannheim Hbf
22mr	DB 260 511-1 am 23.3.73 im Bw Hof
22ul	DB 260 564-0 am 12.8.82 im Bf Ratingen
22um	DB 260 743-0 am 16.11.82 im Bf Schwandorf
22ur	DB 364 857-3 am 22.3.99 im Bf Schwandorf
23	DB 364 857-3 am 22.3.99 im Bf Schwandorf
24	DB 260 024-5 am 30.11.83 im Bf Schwandorf
25o	DB 260 602-8 am 1.11.74 mit einer Übergabe von Lingen auf dem Weg nach Rheine
25u	DB 260 119-3 am 4.8.77 in München Hbf
26	DB 262 140-8 am 20.5.81 bei Porz
27ol	DB 261 045-9 am 30.6.82 im Bf Wiesloch-Walldorf
27u	DB 212 164-8, 260 451-0, 260 571-1, 260 581-8 und 261 794-8 am 30.12.82 im Bw Siegen
28o	DB 260 651-4 am 16.3.72 im Gbf Braunschweig
28u	DB 261 678-7 am 2.11.81 in Lübeck Hbf
29	DB 261 708-2 am 8.5.84 in Lübeck Gbf
30	DB 290 045-4 am 21.5.81 im Bf Opladen
31ol	DB 290 170-0 am 23.3.73 im Bw Hof
31u	DB 290 346-6 am 28.2.82 im Bf Köln-Deutz
32	DB 290 273-2 am 11.8.82 im Bf Ingolstadt
33o,m	DB 290 375-5 am 28.12.75 zusammen mit 044 556-9, 044 754-0 und 044 209-5 im Bw Gelsenkirchen-Bismarck

KBE

MBS

472

Verschubloks in bunter Vielfalt

Auch außerhalb der Bundesbahnen gibt es bei deutschen und europäischen Privatbahnen und Industriebetrieben eine unübersehbare Zahl von Diesellokomotiven für den leichten und mittleren Verschiebedienst. Gerade die großen Industrieunternehmen haben die Entwicklung von Diesellokomotiven bei den Lokomotivfabriken wesentlich beschleunigt. Dabei spielten die einfache Bedienung und die sofortige Einsatzbereitschaft der Dieselloks ohne aufwendige Vorbereitungen und Unterhaltungsarbeiten die entscheidende Rolle.

Auf dieser Doppelseite werden einige Beispiele für Dieselverschublokomotiven gezeigt, die die Vielfalt der Formen und Farben andeuten sollen.

Bilddaten:

34ol Verschublok der Gmundner Zementwerke am 15.2.80

34or Lok V4 der Köln-Bonner Eisenbahn (KBE) am 17.9.79 in Brühl

34ml Lok V13 der KBE am 17.9.79 in Brühl

34mr Lok V10.021 der Montafoner Bahn (MBS) am 14.6.77 in Schruns

34ul Kleine Verschublok der Mannesmann-Werke (MW) am 15.4.83 in Mülheim-Styrum

34ur Lok 472 der Rheinischen Braunkohlenwerke (RBW) in Hürth am 17.9.79

35l Verschublok der Thyssen AG am 23.12.82 bei der Bereitstellung von Güterwagen mit nahtlosen Stahlrohren für die Erdgaspipeline von Sibirien nach Deutschland

DB
218 314-3

Deutsche Strecken-Diesellokomotiven
Die ehemals so stolzen Dampfloks werden ersetzt

Der Zweite Weltkrieg beendete vorerst die in den deutschen und österreichischen Lokomotivfabriken laufenden Voruntersuchungen für Strecken-Diesellokomotiven. Erst nach dem Kriege erzwangen der Wiederaufbau und die Weiterentwicklung des Schienenverkehrs die Entscheidung für die optimale Traktionsart. Wir haben schon gesehen, dass bei den Klein- und Verschublokomotiven diese Entscheidung schnell zugunsten von leicht bedienbaren und unterhaltsfreudigen Diesellokomotiven mit zumeist dieselhydraulischer Kraftübertragung gefallen war.

Bei den Strecken-Diesellokomotiven fiel es schwerer, eine den Umständen angepasste, optimale Entscheidung zu finden. Während in Österreich auf den nicht elektrifizierten Nebenbahnen die Regionalzüge einerseits noch bis in die 70er Jahre mit in großer Stückzahl vorhandenen Dampflokomotiven der Baureihen 52, 77, 78 und 93 bewerkstelligt werden konnten, musste in Deutschland ein schneller Ersatz für den durch die Kriegsereignisse in miserablem Zustand befindlichen Dampflokomotivpark gefunden werden.

Dabei setzte man bei den Regionalzügen auf Schienenbusse der Baureihen VT 95 und später VT 98, die sich schnell hervorragend bewährten und bis Ende der 80er Jahre aus dem Regionalverkehr nicht wegzudenken waren.

Im Fernverkehr waren die Verhältnisse nicht so eindeutig. Während man sich relativ schnell darüber einig war, dass ein Neubau von Schnellzug-Dampflokomotiven für den zukünftigen hochwertigen Reiseverkehr nicht zielführend war, konnte die Diskussion über die geeignetste Traktionsart nicht so schnell entschieden werden. Zur Auswahl standen dieselgetriebene Schnelltriebwagenzüge, mit denen man schon vor dem Kriege sowohl in Deutschland als auch in Österreich wertvolle Erfahrungen gewonnen hatte und die sich außerordentlich bewährt hatten, oder diesellokgeführte Reisewagengarnituren, die flexibler auf die jeweiligen Anforderungen abgestimmt werden konnten. In Deutschland ging man bei der DB und der DR ebenso wie in Österreich einer klaren Entscheidung aus dem Wege und fuhr zweigleisig. Es wurden sowohl Streckenlokomotiven als auch Triebwagen entwickelt.

Mit den Dieseltriebwagen werden wir uns weiter hinten in diesem Buch ab Seite 129 befassen. Unser erstes Thema sind die Strecken-Diesellokomotiven. DB und ÖBB begannen die Entwicklung solcher Lokomotiven mit unterschiedlichen Vorgaben. Bei der DB legte man großen Wert auf einheitliche und zwischen Lokomotiven und Triebwagenköpfen austauschbare Motoren und Kraftübertragungen. Man griff auf die Vorkriegserfahrungen der Motorenwerke Maybach, Mercedes und MAN im Motorenbau für die damaligen Schnelltriebwagen vom Typ des *Fliegenden Hamburgers* zurück. So entstanden nach der Prototypreihe V80 drei Strecken-Diesellokomotiv-Familien, die auf den folgenden Seiten im Bild dargestellt werden. Bei allen Familien erfolgt der Antrieb durch schnelllaufende Dieselmotoren mit dieselhydraulischer Kraftübertragung.

Daran anschließend werden auch Strecken-Diesellokomotiven der ehemaligen DR gezeigt, soweit sie auf westdeutschem Gebiet anzutreffen waren oder ohne allzu große Unannehmlichkeiten in der DDR fotografiert werden konnten. Während die Entwicklung bis in die 60er Jahre bei der DR ähnlich wie bei der DB (wenn auch mit zeitlichem Abstand) verlief, musste sich die DDR als Mitglied des RGW dem Beschluss beugen, der die Herstellung von Diesellokomotiven von 2000 und mehr PS nur noch in der UdSSR vorsah. Mit den *Taigatrommeln* der Baureihen 130, 131, 132 und 142 wurden große Stückzahlen an leistungsfähigen dieselelektrischen Lokomotiven von der DR aus den UdSSR importiert und in Dienst gestellt, die schließlich Ende der 80er Jahre die vollständige Ablösung der Dampflokomotiven ermöglichten.

In Österreich entschied man sich zuerst für die dieselelektrische Kraftübertragung. So entstanden die Baureihen 2045 und 2050 ungefähr zeitgleich mit den Lokomotiven der DB. In der Folge ging man dann auch bei den ÖBB auf eine dieselhydraulische Kraftübertragung über. Die in für Österreich großen Stückzahlen gebauten 2043 und 2143 entstanden in dieser Periode. Zur Zeit werden in Österreich auch Lokomotiven der Baureihen DB 211 (als 2048) und DR 132 (leihweise) eingesetzt.

280 001-9

DB 280

Baujahr: 1952
Anzahl: 10 Lokomotiven
Hersteller: Krauss-Maffei, MaK

Achsanordnung: B'B'
Dienstgewicht: 58 t
Leistung: 1100 PS
Kraftübertragung hydraulisch
Höchstgeschwindigkeit: 100 km/h

Die V80 war die erste Streckendiesellok der DB, die unter Leitung des BZA München von den Firmen Krauss-Maffei und MaK Kiel entwickelt wurde. Nach einem ersten Baulos von 10 Maschinen unterblieb der Weiterbau trotz guter Fahrleistungen, weil sich das Konzept der gleichen Antriebsaggregate für alle Dieselloks und Triebwagen als nicht optimal erwies.

V 100 Strecken-Diesellokomotiven-Familie

Nach der Entwicklung der V80, der ersten Strecken-Diesellokomotive der DB, und der darauf folgenden Konstruktion der V200, einer Strecken-Diesellok für den Schnellzugverkehr, deren erste Prototypen 1954 ausgeliefert wurden, mußte die Ablösung der vielen schon erheblich altersschwachen Dampfloks der Länderbaureihen im leichten und mittleren Streckendienst in Angriff genommen werden.

Zusammen mit dem BZA München entwickelte die MaK Kiel 1956/57 eine vierachsige Drehgestelllokomotive mit verschiedenen Motorvarianten in einer Leistung von ungefähr 1000 PS.

Aus diesen Versuchen gingen schließlich zwei Typen hervor, die als V100.10 = DB 211 und V100.20 = DB 212 in Serie gefertigt werden konnten. Die ursprünglich als Bedarf für die nicht elektrifizierten Strecken ins Auge gefassten 1000 Maschinen konnten wegen der zügig voranschreitenden Elektrifizierung von Haupt- und Nebenstrecken nicht ganz erreicht werden. 745 Lokomotiven der V100-Familie wurden im Endeffekt von der DB übernommen.

Bei der DR wurde ebenfalls eine V100 Familie entwickelt, die in einer Stückzahl von rund 850 mit verschiedenen Motorvarianten zum Einsatz kam.

211 158-1

SCHWANDORF

211 041-9

211 166-4

211 068-2

211 327-2

DB 211

Baujahre: 1959-65
Anzahl: 364 Lokomotiven
Hersteller: alle Diesellokhersteller

Achsanordnung: B'B'
Dienstgewicht: 62 t
Leistung: 1100 PS
Kraftübertragung: hydraulisch
Höchstgeschwindigkeit: 100 km/h

Nach Ablieferung und ausgiebiger Erprobung der ersten sieben Loks und einer Vorserie von 36 Maschinen erfolgte ab 1963 die Serienfertigung. Die DB 211 hat sich außerordentlich bewährt. Nach der Ausmusterung der meisten Loks ab 1986 gelangten viele Maschinen ins Ausland, darunter 34 Stück zur ÖBB als Baureihe 2048.

42
1
211 044-3

211 167-2
KRUPP

Bilddaten

36 DB 218 314-3 mit E 3445 am 11.2.83 bei der Ausfahrt aus dem Bf Mühldorf
38 DB 280 001-9 am 3.12.72 auf der *Schiefen Ebene* beim km 79,5
39ol DB 280 009-2 am 18.3.73 vor Münchberg
39u DB V80 002 am 7.9.85 bei der DB Jubiläumsparade in Nürnberg-Langwasser
40 DB 211 298-5 am 26.11.72 *Schiefe Ebene*
41u DB 212 075-6 am 15.7.72 *Schiefe Ebene*
42ol DB 211 008-8 am 26.4.83 im Bw Oldenburg
42or DB 211 200-1 am 16.11.82 im Bf Schwandorf
42ml DB 211 041-9 am 11.2.83 im Bf Mühldorf
42mm DB 211 166-4 am 11.8.82 im Hbf Nürnberg
42mr DB 211 068-2 am 15.5.85 im Bf Schwandorf
42ul DB 211 201-9 am 16.11.82 in Schwandorf
42um DB 211 327-2 am 16.12.82 im Bf Kreuznach
42ur DB 211 365-2 am 1.6.78 im Bf Horb
43ol DB 211 038-5 am 11.2.83 im Bf Mühldorf
43u DB 211 161-5 am 22.3.73 mit E 1654 beim km 91.8 unweit von Münchberg
44 DB 211 044-3 am 14.5.85 in Schwandorf

Bilddaten

45 DB 211 167-2 am 15.5.85 in Nürnberg
46o DB 211 162-3 am 16.7.72 *Schiefe Ebene*
47o DB 211 162-3 am 16.7.72 bei Falls
48o DB 211 216-7 amm 22.9.74 in Horb
48u DB 211 099-7 am 3.5.75 bei Stolberg
49o DB 211 272-0 am 23.4.82 in Köln-Deutz
49u DB 211 269-6 am 12.5.77 in Köln Hbf
50ol DB 212 001-2 am 18.10.82 in Dortmund Hbf
50om DB 212 023-6 am 28.10.82 in Dortmund Hbf
50or DB 212 128-3 am 21.7.82 im Bf Goldhausen
50mm DB 212 265-3 am 25.9.82 in Remscheid Hbf
50mr DB 212 083-0 am 2[illegible].5.81 im Bf Opladen
50ul DB 212 106-9 am 25.9.82 in Remscheid Hbf
50um DB 212 294-3 am 21.12.82 in Dortmund Hbf
50ur DB 212 151-5 am 30.12.82 im Bf Siegen
51ol DB 212 321-4 am 11.6.83 im Bf Opladen
51u DB 212 314-9 am 15.4.83 im Bf Witten
52o DB 212 009-5 am 1.4.81 bei Hahausen
52u DB 212 005-3 am 9.5.84 im Bf Soltau
53 DB 212 029-3 am 18.6.81 in Lübeck

211 272-0

UNION BIER
212 001-2

212 023-6

212 128-3

212 106-9

212 294-3

212 151-5

DB 212

Baujahre: 1962-65
Anzahl: 371 Lokomotiven
Hersteller: alle Diesellokhersteller

Achsanordnung: B'B'
Dienstgewicht: 63 t
Leistung: 1350 PS
Kraftübertragung: hydraulisch
Höchstgeschwindigkeit: 100 km/h

Diese Baureihe ist eine für den Betrieb auf Hauptbahnen und steigungsreichen Strecken stärker motorisierte Ausführung der Baureihe 211. Die Loks wurden zwar mit unterschiedlichen Motoren geliefert, rein äußerlich weisen sie aber mit Ausnahme von Lüftungsgittervariationen keine Unterschiede auf

212 005-3
212 005-3

212 029-3

212 129-1

212 129-1

212 233-1

212 234-9

Bilddaten

54 DB 212 29-1 am 19.6.81 in Lübeck Hbf
55 DB 212 29-1 am 31.3.82 in Lübeck Hbf
Selten hat man Gelegenheit, im Abstand von knapp zwei Jahren am selben Ort aus der gleichen Perspektive dieselbe Lokomotive mit dem gleichen Zug zu fotografieren. Nur die Lackierung hat sich inzwischen geändert
56o DB 212 233-1 am 30.9.82 im Bf Buchloe
56u DB 212 234-9 am 1.10.82 im Bf Buchloe
57o DB 212 268-7 am 19.8.81 in Kiel Hbf
57u DB 212 260-4 am 1.4.82 Einfahrt Lübeck Hbf
58 DB 212 237-2 am 22.3.84 in Bad Münster
59ol DB 213 339-5 am 23.3.84 im Bf Boppard, Die Aufnahme wurde aus dem fahrenden Zug gemacht, der Aufnahmestandpunkt konnte deshalb nicht variiert werden
59u DB 213 337-9 am 30.4.72 im Bf Gönnern. An diesem Tag wurde zum letzten Mal ein Zug mit einer Dampflok der Baureihe 94 von Dillingen über die Steilstrecke nach Gönnern geführt und damit der Dampfbetrieb unter großer Anteilnahme der Bevölkerung abgefeiert.

212 237-2

DB 213

Zum Einsatz auf den Steilstrecken des Schwarz- und Westerwaldes, auf denen Dampflok-Tenderlokomotiven der Länderbaureihe 94 und im Westerwald auch der Nachkriegsbaureihe 82 verwendet wurden, versah die DB 10 Lokomotiven der Baureihe 212 mit Steilstrecken-Sonderausrüstung, um die Dampfloks endgültig abzulösen. Heute werden diese Diesellokomotiven auf den Steilstrecken des Thüringer Waldes mit Erfolg verwendet.

DB
216 002-6

Die V 160-Strecken-Diesellokomotiven Familie

Nach den Erfahrungen mit den ersten beiden Baureihen von Strecken-Diesellokomotiven, der einmotorigen V 100 mit 1100 PS und der zweimotorigen V 200 mit 2200 PS, sah das Diesellok-Bauprogramm der DB von 1955 für Reise- und Güterzüge eine einmotorige Lokomotive mit 1600 PS vor, um die Lücke zwischen der V 100 und der V 200 zu schließen. Mit diesen drei Baureihen sollte langfristig der Traktionswandel von den Dampflokomotiven zu den Dieselloks auf nicht-elektrifizierten Haupt- und Nebenbahnen im Streckendienst erfolgen.

Die Entwicklung von sechs bzw. vier Vorserienmaschinen wurde in Zusammenarbeit mit dem BZA München bei den Lokomotivfabriken Krupp und Henschel durchgeführt. Die Ablieferung dieser Loks erfolgte von 1960-63. Wie üblich flossen Änderungswünsche aus ersten Erfahrungen schon während des Baus dieser Vorserie in die Produktion ein. Aus der Sicht eines Designers gab vor allem das äußere Aussehen, das an den Borax-Stil der dreißiger Jahre erinnerte und zum Spitznamen „Lollo" (in Anlehnung an die damals berühmte und durch ihre üppigen Formen ausgezeichnete italienische Filmschauspielerin Gina Lollobrigida) führte, Anlass zu sarkastischen Bemerkungen. Da auch aus der Perspektive der Produktionsingenieure die eigenartig gewölbte Stirnpartie zu aufwendig war, wurde sie schon bei der zehnten Vorserienlok von der V 320 entlehnt und damit wesentlich verändert. Das jetzt zu hohe Gewicht der Maschinen musste dagegen nicht mehr reduziert werden, da die ursprünglich für die V 160 auch ins Auge gefasste Verwendung als Güterzuglok auf Nebenbahnen inzwischen erfolgreich von der V 100 übernommen worden war.

Zwischen 1964 und 1969 wurden von der DB 214 Lokomotiven dieser Baureihe übernommen und damit der Serienstart für eine im Streckendienst außerordentlich erfolgreiche und auch rein äußerlich in jeder Lackierungsvariante recht ansprechende Diesellokomotiv-Familie freigegeben. Trotz im Großen und Ganzen störungsfreier Performance bei einer durchschnittlichen Laufleistung von weit über 500 000 km werden die Loks der Baureihe 216 jetzt nach über 30 Dienstjahren vor allem wegen starker Korrosionsschäden zunehmend ausgemustert.

Im Laufe der Jahre nach der Indienststellung der ersten Serienloks der Baureihe 216 entwickelte sich aus speziellen Leistungsanforderungen für besondere Aufgaben die sechs Typen umfassende V 160-Familie.

Die zweite, aus der V 160 hervorgegangene Strecken-Diesellokomotive, war die heutige Baureihe 215. Sie war gegenüber der DB 216 stärker motorisiert, enthielt aber immer noch eine Dampf-Zugheizeinrichtung, weil die elektrischen Heizaggregate der Baureihen DB 217 und DB 218 sich noch im Erprobungzustand befanden, andererseits die schnelle Ablösung der Dampfloks wegen steigender Störanfälligkeit der alten Maschinen immer dringlicher wurde. In den Jahren 1968-71 wurden von der DB 215 150 Stück von verschiedenen Herstellern abgeliefert. Ein weiterer Bau dieser Lokomotiven unterblieb, weil zwischenzeitlich die Baureihe 218 zur Serienreife gelangt war.

Während des Baues der DB 216-Serie waren Überlegungen angestellt worden, die aufwendigen Dampf-Zugheizanlagen durch elektrische Aggregate zu ersetzen. Dabei wurden zwei Varianten verfolgt. In den als Baureihe 217 geführten (damals noch als V 162 bezeichneten) Maschinen ersetzte man die Dampfheizanlage durch einen Heizdiesel-Generator. Wurde dieser Generator im Sommer oder bei Güterzügen nicht benutzt, konnte seine Leistung dem Hauptdieselmotor zugeschaltet werden. Zweite Variante wurde die Baureihe 218 (damals V 164), bei der die für die elektrische Zugheizung notwendige Leistung aus dem Hauptdieselmotor entnommen wurde. Ausgiebige Versuche mit einer Reihe von Vorserienloks dieser beiden Baureihen mit unterschiedlicher Motorisierung führte schließlich zur Konzentration auf die Baureihe 218 als Endglied der V 160-Familie.

Für schnelle Reisezüge, die mit einer Höchstgeschwindigkeit von 160 km/h geführt werden sollten, stand kein geeigneter Dieselmotor zur Verfügung. In der Baureihe 210 wurde deswegen die zusätzliche Ausrüstung mit einer Gasturbine vorgenommen, um schnell eine entsprechend leistungsfähige Lokomotive bereitzustellen. Schließlich untersuchte man in der Baureihe 219 ebenfalls den Gasturbinenantrieb, der hier als Booster ausgeführt war, das heißt, bei benötigter Spitzenleistung zugeschaltet werden konnte.

DB
210 001-4

DB
210 002-2

DB
210 003-0

DB
210 004-8

DB
210 004-8

DB
210 008-9

DB 210

Baujahre: 1970-71
Anzahl: 8 Lokomotiven
Hersteller: Krupp

Achsanordnung: B'B'
Dienstgewicht: 79 t
Leistung: 2500 PS, Gasturbine mit
1150 PS zuschaltbar
Kraftübertragung: hydraulisch
Höchstgeschwindigkeit: 160 km/h

Die Baureihe 210 war die letzte und damit sechste Variante der V 160. Sie entstand während des Baus der Baureihen 215 und 218 und war als leistungsfähige und schnelle Diesellokomotive für die Führung von EC- und Schnellzügen auf der steigungsreichen Strecke von München nach Lindau vorgesehen. Auffallend war das winselnde Geräusch der aus der Hubschrauberfertigung hervorgegangenen Gasturbine.
Bis Ende 1981 waren alle Gasturbinen ausgebaut. Ab diesem Zeitpunkt wurden die acht Maschinen als Baureihe 218.9 bei der DB geführt. In dieser Form finden sie auch heute noch Verwendung.

DB
215 001-9

DB
215 003-5

DB
215 004-3

DB
215 006-8

DB
215 102-5

DB

DB 215

Baujahre: 1968-71
Anzahl: 150 Lokomotiven
Hersteller: Henschel, Krauss-Maffei, Krupp, MaK

Achsanordnung: B B'
Dienstgewicht: 77,5 t
Leistung: 1900 PS
Kraftübertragung: hydraulisch
Höchstgeschwindigkeit: 140 km/h

Die Ausmusterung hat begonnen.

Bilddaten

60	DB 216 002-6 am 6.7.72 im Bw Hamburg-Altona
62ol	DB 210 001-4 am 15.7.77 in München Hbf
62or	DB 210 002-2 am 4.8.77 in München Hbf
62mr	DB 210 003-0 am 30.8.77 in München Hbf
62ul	DB 210 004-8 am 28.7.77 in München Hbf
62um	DB 210 004-8 am 30.8.77 in München Hbf
62ur	DB 210 008-9 am 3.3.78 in München Hbf
63ol	DB 210 007-1 am 24.6.77 in München Hbf
63u	DB 210 006-3 am 29.6.77 in München Hbf
64ol	DB 215 001-9 am 22.3.84 in Heidelberg Hbf
64or	DB 215 003-5 am 28.3.84 in Schwäbisch Hall-Hessental
64ml	DB 215 004-3 am 11.1.84 in Heidelberg Hbf
64mr	DB 215 006-8 am 29.3.84 in Schwäbisch Hall-Hessental
64ul	DB 215 102-5 am 9.6.83 beim Bf Kappel-Gutachbrücke
64ur	DB 215 010-0 am 23.9.74 vor Rottweil
65ol	DB 215 090-2 am 4.8.71 im Bw Heilbronn
65u	DB 215 071-2 am 9.10.71 im Bf Horb
66o	DB 215 068-8 am 1.6.78 bei Horb

Bilddaten

67o DB 215 073-8 am 1.6.78 bei Horb
68ol DB 216 002-6 am 7.9.85 bei der Jubiläumsparade der DB in Nürnberg-Langwasser
68or DB 216 011-7 am 6.3.84 Bf Dorsten
68mr DB 216 025-7 am 26.4.83 im Bf Oldenburg
68ul DB 216 080-2 am 26.4.83 im Bf Oldenburg
68um DB 216 111-5 am 29.3.84 im Bf Limburg
68ur DB 216 185-9 am1.6.78 bei Nassau
69ol DB 216 175-0 am 1.4.81 bei Hahausen
69u DB 216 069-5 am 1.4.81 Bk Klingenhagen
70o DB 216 210-5 am 24.4.73 vor Hönebach
70u DB 216 211-3 am 17.2.73 vor Hönebach an dem Fotopunkt, an dem so mancher Dampflokfreund die 01.5 Rekodampfloks der DR fotografiert hat
71 DB 216 012-5 am 6.3.84 Bf Dorsten
72o DB 217 001-7 am 14.5.85 Bw Schwandorf
72ul DB 217 003-3 am 30.11.83 in Schwandorf
72ur DB 217 003-3 am 22.3.99 in Schwandorf
73ol DB 217 016-5 am 16.11.82 in Schwandorf
73u DB 217 011-6 und 217 020-3 am 6.2.84 im Bw Schwandorf

DB

DB
216 011-7

DB
216 025-7

DB
216 080-2

DB
216 111-5

DB
216 185-9

DB 216

Baujahre: 1960-69
Anzahl: 224
Hersteller: KHD Deutz, Henschel, Krauss-Maffei, Krupp, MaK

Achsanordnung: B'B'
Dienstgewicht: 77 t
Leistung: 1900 PS
Kraftübertragung: hydraulisch
Höchstgeschwindigkeit: 120 km/h

Nach zehn Vorserienlokomotiven begann 1964 die Serienfertigung der V 160-Familie. Sie bewährte sich sowohl im Personen- als auch im Güterzugverkehr ganz hervorragend. Nach über 30 Betriebsjahren beginnt jetzt korrosionsbedingt zunehmend die Ausmusterung.

216 210-5

216 211-3

216 012-5
DB

DB 217

Baujahre: 1965-68
Anzahl: 15 Lokomotiven
Hersteller: Krupp

Achsanordnung: B'B'
Dienstgewicht: 79,5 t
Leistung: 1900 PS
Kraftübertragung: hydraulisch
Höchstgeschwindigkeit: 130 km/h

Die Baureihe 217 ist nach anfänglicher Erprobung durch das Bw Mühldorf seit gut 30 Jahren im Raum Regensburg-Nürnberg-Schwandorf im Güter- und Personenzugverkehr zu voller Zufriedenheit eingesetzt worden und wird auch im Jahr 2001 noch voll unterhalten. Zum Vergleich sehen Sie auch das heutige Outfit.

217 012-4

217 013-2

42
1
DB
217 018-1

DB
217 022-3

DB
217 017-3

Lokomotiv-Outfit im Wandel der Zeit

In ihrer jetzt schon über dreißigjährigen Einsatzzeit spiegeln auch die Lokomotiven der Baureihe 217 die verschiedenen Designvorstellungen der Deutschen Bundesbahn wider. Vier Varianten kann ich Ihnen an dieser Baureihe beispielhaft demonstrieren.

Die Ablieferung erfolgte in der Standardfarbe der Diesellokomotiven der 60er Jahre, die heute bei der Bahn als *Altrot* bezeichnet wird. Sie hielt immerhin gut zehn Jahre.

Das Management der Bundesbahn wechselte und mit ihm die Marketingvorstellungen. Ab Ende 1974 sollte eine doppelfarbige, *elfenbein-ozeanblaue* Farbgebung neue Aufmerksamkeit erregen.

Die nächste Änderung erfolgte natürlich nach dem Zusammenschluss von DB und DR. Zuerst wurde die Typografie des DB-Emblems geändert. Sie sehen es im Bild 72ur. Dann folgte das heute gewohnte Outfit in *Verkehrsrot* mit *lichtgrauem* Lätzchen.

Wie gut die Formgestaltung der V 160-Familie gelungen war, sehen Sie auch daran, dass diesen Lokomotiven jede Variante gut zu Gesicht steht.

DB
217 021-5
42
1

DB
218 217-8

DB
218 113-9

DB
218 360-6

DB
218 197-2

DB
218 002-4

218 012-3
DB

DB 218

Baujahre: 1968-69 Vorserie (12 Loks)
1971-79 Serie (399 Loks)
Anzahl: 411 Lokomotiven
Hersteller: Krauss-Maffei, Krupp, MaK, Henschel

Achsanordnung: B'B'
Dienstgewicht: 80 t
Leistung: 2500 PS
Kraftübertragung: hydraulisch
Höchstgeschwindigkeit: 140 km/h

Die Baureihe war Höhepunkt und Abschluss der V 160-Familie. Von Anfang an haben sich die leistungsstarken Maschinen auf allen nicht elektrifizierten Haupt- und Nebenstrecken bestens bewährt. Da die DB AG vorerst im Gegensatz zum Beispiel zur ÖBB in Österreich keinen Neubau von Strecken-Diesellokomotiven plant, wird diese Baureihe auch in den kommenden Jahren das Rückgrat der Dieseltraktion zumindest in den alten Bundesländern bilden und deshalb auch voll unterhalten.

Auf den Bildern dieser beiden Seiten kann man auch die durch geänderte Design-Vorstellungen der DB entstandenen Farbvarianten vergleichen. Eine besondere Rarität stellt dabei die links oben abgebildete 218 217 dar, die nur in einem Exemplar existiert und heute vor allem für Sonderzüge eingesetzt wird.

DB
218 001-6

DB
218 006-5

DB
218 008-1

DB
218 010-7
DB
218 010-7

DB
218 103-0

DB
218 162-6

Kp
DB
218 122-0

DB
218 338-2

Lp
DB
218 195-6

B.M. ESSELSGROTH SÖHNE
DB
218 187-3

SOLTAU (HAN)
DB
218 901-7

DB
218 002-4
42
1

Wtm
DB
218 458-8

Bilddaten

74o DB 217 012-4 am 15.5.85 Bf Schwandorf
74u DB 217 013-2 am 16.11.82 Bf Schwandorf
75 DB 217 018-1 am 30.11.83 Bf Schwandorf
76 DB 217 022-3 am 3.7.85 in Nürnberg
77o DB 217 022-3 am 17.7.72 Bf Etzelwang
77u DB 217 017-3 am 14.5.85 Bf Schwandorf
78ol DB 217 017-3 am 22.3.99 Bf Schwandorf
78u DB 217 017-3 am 23.3.99 Bf Schwandorf
79 DB 217 021-5 am 16.12.82 Bf Schwandorf
80ol DB 218 217-8 am 22.3.99 Bf Schwandorf
80or DB 218 113-9 am 29.6.72 Bw Hbg-Altona
80mr DB 218 360-6 am 11.2.83 Bf Mühldorf
80ul DB 218 197-2 am 31.3.82 bei Lübeck-Genin
80um DB 218 002-4 am 16.11.82 Bf Schwandorf
80ur DB 218 012-3 am 22.3.99 Bf Schwandorf
81ol DB 218 213-7 am 22.3.99 Bf Schwandorf
81ml DB 218 386-1 am 23.3.99 Bf Schwandorf
81ul DB 218 213-7 am 23.3.99 Bf Schwandorf
81ur DB 218 008-1 am 22.3.99 Bf Schwandorf
82l DB 218 001-6 am 30.11.83 Bf Schwandorf
82r DB 218 006-5 am 14.5.85 Bf Schwandorf
83o DB 218 008-1 am 8.4.81 Bf Lichtenfels
83u DB 218 010-7 am 11.8.82 Nürnberg Hbf
84o DB 218 103-0 am 1.4.82 Bf Rendsburg. Im Hintergrund ist die Nordrampe der Rendsburger Hochbrücke erkennbar.
84u DB 218 162-6 am 2.4.82 Kiel Hbf
85 DB 218 122-0 am 19.8.81 Kiel Hbf
86o DB 218 113-9 am 1.4.82 Südseite der Hochbrücke in Rendsburg
86u DB 218 164-2 am 1.4.82 Nordrampe der Hochbrücke in Rendsburg
87o DB 218 338-2 am 3.4.78 Lübeck Hbf
87u DB 218 195-6 am 4.4.78 Lübeck Hbf
88o DB 218 187-3 am 19.8.81 Kiel Hbf
88u DB 218 901-7 am 9.5.84 Bf Soltau. Diese Maschine wurde bis zum Ausbau der Gasturbine als DB 210 001-4 geführt.
89o DB 218 002-4 am 16.11.82 Bf Schwandorf
89u DB 218 458-8 am 19.6.81 Lübeck Hbf
90o DB 218 188-1 am 2.4.82 Kiel Hbf
91ol DB 219 001-5 im Juli 1970 im Bf Oberstdorf
91u DB 219 001-5 am 22.5.77 im Bw Gelsenkirchen-Bismarck

DB 219

Baujahr: 1965
Anzahl: 1 Lokomotive
Hersteller: KHD

Achsanordnung: B'B'
Diesntgewicht: 76,7 t
Leistung: 2150 PS
Kraftübertragung: hydraulisch
Höchstgeschwindigkeit: 130 km/h

Diese Diesellokomotive diente zur Erprobung einer Gasturbine, die bei Anfahrten unter Volllast und bei starken Steigungen als Booster zuschaltbar war. Aus ihren Leistungsdaten konnten wertvolle Erkenntnisse für die Entwicklung der Baureihe 210 gewonnen werden.

DB
221 116-7
DB
221 107-6

DB
220 009-5

Die V 200-Strecken-Diesellokomotiven-Familie

Nach den Zerstörungen des Zweiten Weltkrieges konnte der Fernverkehr der deutschen Eisenbahn in den vier Besatzungszonen der Alliierten nur mühsam wieder in Gang gesetzt werden. In den ersten Jahren konzentrierte man sich dabei auf die Instandhaltung und die Reparatur der durch die Kriegseinwirkungen und die Überbeanspruchung arg ramponierten und zusammengeschrumpften, einstmals so stolzen Flotte der Pazifik-Dampflokomotiven.

Nach Gründung der Bundesrepublik und der Aufhebung des alliierten Verbotes von Lokomotiv-Neubauten konnte 1949 an die Planung neuer Generationen von Lokomotiven gegangen werden. Während in Deutschland nur geringe Erfahrungen mit Strecken-Diesellokomotiven vorlagen, hatten sich in den USA und in der UdSSR große Diesellokomotiven – oft in Mehrfachtraktion eingesetzt – schon im Alltagsbetrieb bewährt. Auch diese Erfahrungen der Besatzungsmächte haben sicher Einfluss auf die Entscheidung gehabt, neben neuen Dampflokomotiven sich vor allem auf die Entwicklung von Diesellokomotiven zu konzentrieren, zumal der in der Vorkriegs- und Kriegszeit immer vorhandene Treibstoffmangel nicht mehr bestand.

Nach den guten Erfahrungen mit einem 1000 PS-Motor in der Baureihe V 80 und den Dieseltriebwagen VT 08 und VT 12 wurde von Krauss-Maffei in Zusammenarbeit mit dem BZA München in nur neun Monaten die V 200 mit 2x1000 PS und einer Höchstgeschwindigkeit von 140 km/h konstruiert und auf der Deutschen Verkehrsausstellung in München 1953 der Öffentlichkeit vorgestellt. Konstruktionsmerkmale – Stahlleichtbauweise, wo immer es möglich war – und Formgestaltung überzeugten von Anfang an.

Die fünf Vorserienmaschinen absolvierten ein ausgedehntes Testprogramm im Alltagseinsatz vor Fernschnellzügen. Die guten Ergebnisse führten 1955 zu einem ersten Auftrag von 50 Lokomotiven, dem noch ein weiteres Los von 30 Maschinen 1959 folgte.

Der Einsatz der V 200 konnte mit steigenden Lieferungen auf Schnell- und Eilzüge, teilweise sogar auf Güterzüge ausgedehnt werden. Mit Hilfe dieser Baureihe war es möglich, die Schwarzwaldbahn zum Missfallen der vielen Dampflokfreunde als erste Hauptstrecke voll zu verdieseln.

Für den Bäderdienst zwischen Hamburg und Lübeck hatte die Lübeck-Büchener-Eisenbahngesellschaft (sie wurde erst 1938 von der Deutschen Reichsbahngesellschaft übernommen) schon in den 30er Jahren den Wendezugbetrieb mit Doppelstockwagen in Leichtbauweise eingeführt. Mit der V 200 war es möglich, den Bäderverkehr 1959 wieder aufzunehmen und diese Baureihe im Wendezugverkehr zu erproben.

Vielleicht war es deshalb folgerichtig, dass die Baureihe DB 220 (wie sie ab 1968 bezeichnet wurde) auch im Bw Lübeck ihre letzten Einsätze erlebte.

Die fortschreitende Elektrifizierung, aber auch der starke Verschleiß führten Anfang der 70er Jahre dazu, dass alle Maschinen ihre Einsätze vor Fernschnellzügen verloren und in den Bw Lübeck und Oldenburg konzentriert wurden. Mit Ende des Jahres 1984 endete schließlich auch dort ihr Einsatz.

Ständig steigende Zuggewichte im Fernverkehr ließen sich mit den Leistungsreserven der V 200 nicht auffangen. Deshalb erhielt Krauss-Maffei vom BZA München 1959 den Auftrag, eine leistungsstärkere Lokomotive zu entwickeln. Die aus diesem Auftrag resultierende V 200.1 mit 2x1350 PS-Motoren wurde von 1962-65 in fünfzig Exemplaren von Krauss-Maffei abgeliefert. Auch diese Maschinen bewährten sich außerordentlich. Aber auch ihr Einsatzgebiet schrumpfte durch die zügige Elektrifizierung der Hauptstrecken von Jahr zu Jahr.

Wie schon die DB 220, so fand auch die DB 221 (wie die V 200.1 nach 1968 geführt wurde) vom Bw Lübeck aus ein weites Einsatzgebiet vor allem vor Schnellzügen auf der Vogelfluglinie. Erst die zunehmende Zugzusammenstellung mit nur noch elektrisch zu beheizender Wagen zwang zum Ersatz der DB 221, die nicht für elektrische Zugheizung ausgestattet war. So wanderte diese Baureihe 1978 in den untergeordneten Dienst ab.

Nach zwischenzeitlichem Einsatz auf der Emslandstrecke wurde diese einstmals stolze Fernschnellzuglok dann vom Bw Gelsenkirchen-Bismarck aus als Ersatz der dort jahrzehntelang eingesetzten *Jumbos* der Dampflokbaureihe 44 in allen Arten von Übergabe-Güterzügen auf den verschiedensten Strecken des Ruhrgebietes abgefahren.

DB
220 085-5

220 013-7

DB

DB
220 009-5

DB
220 012-9

DB
220 018-6

DB
220017-8

DB
220 030-1

DB 220

Baujahre: 1953-54 Vorserie (5 Lokomotiven)
1956-59 Serie (80 Lokomotiven)
Anzahl: 85 Lokomotiven
Hersteller: Krauss-Maffei, MaK

Achsanordnung: B'B'
Dienstgewicht: 81 t
Leistung: 2x1100 PS
Kraftübertragung: hydraulisch
Höchstgeschwindigkeit: 140 km/h

Die aus der Sicht der 50er Jahre formschönen Maschinen bewährten sich von Anfang an vor F- und D-Zügen ebenso wie vor Eil- und Güterzügen im Flachland und auf bergigen Strecken. Zusammen mit den Triebwagen VT 08 und VT 12 konnte mit der Baureihe 220 in der Bundesrepublik schon vor der Elektrifizierung der Hauptstrecken ein attraktiver Fernreiseverkehr angeboten werden.

DB
220 031-9
13
8

220 068-1

220 075-6

220 012-9

Wtm

Hs
7
DB
220 026-9
N7

Bilddaten

92o DB 221 107-6 und 221 116-7 am 22.12.82 Bw Gelsenkirchen-Bismarck
92u DB 220 009-5 am 3.4.78 Lübeck Hbf
94ol DB 220 085-5 am 24.9.77 Bf Laathen
94om DB 220 025-1 am 2.11.81 Einfahrt Lübeck Hbf
94or DB 220 013-7 am 31.3.82 Lübeck Hbf
94ml DB 220 026-9 am 30.3.82 bei Altenwalde
94mm DB 220 009-5 am 3.4.78 Lübeck Hbf
94mr DB 220 012-9 am 30.3.82 bei Altenbruch
94ul DB 220 018-6 am 19.6.81 Lübeck Hbf
94um DB 220 017-8 am 19.6.81 Lübeck Hbf
94ur DB 220 030-1 am 19.6.81 Lübeck Hbf
95ol DB 220 075-6 am 26.4.83 Bw Oldenburg
95u DB 220 071-5 am 19.6.81 Lübeck Hbf
96 DB 220 031-9 und 220 039-9 am 8.5.84 bei Reinfeld
97o DB 220 068-1 am 24.3.72 bei Marktschorgast
97u DB 220 062.4 am 25.5.72 bei Horb
98 DB 220 075-6 am 1.4.81 Einfahrt Bf Hahausen
99o DB 220 012-9 am 30.3.82 bei Altenbruch
99u DB 220 013-7 und 220 015-2 am 8.5.84 Ausfahrt Gbf Lübeck
100o DB 220 040-0 am 31.3.82 Lübeck Hbf
100u DB 220 018-6 am 19.6.81 Lübeck Hbf

Bei einigen Regionalzügen der Verbindung Hamburg-Lübeck wurden im Bf Bad Oldesloe Wagengarnituren aus Zügen von Neumünster oder Schwarzenbeck am rückwärtigen Zugende beigestellt. Handelte es sich bei den Hamburger Zügen um von der Lok gedrückte Wendezugeinheiten, fuhr die Zuglok ab Oldesloe bis Lübeck Hbf mittig im Zug. Die Bilder auf Seite 100 zeigen solche Züge.

101o DB 220 030-1 am 31.3.82 bei Nordholz
101u DB 220 026-9 am 4.4.78 Lübeck Hbf
102o DB 220 048-3 am 31.3.81 Bf Bad Harzburg
103 DB 220 060-8 am 19.6.81 Ausfahrt als Lz aus Lübeck Hbf

Die Lokomotiven 220 012-9 und 220 060-8 waren die beiden einzigen, an denen der elfenbein-ozeanblaue Anstrich der 80er Jahre probiert wurde. Gefällt er Ihnen?

220 060-8
DB

DB
221 117 - 5

DB
221 118-3

DB 221

Baujahre: 1962-65
Anzahl: 50 Lokomotiven
Hersteller: Krauss-Maffei

Achsanordnung: B'B'
Dienstgewicht: 79 t
Leistung: 2x1350 PS
Kraftübertragung: hydraulisch
Höchstgeschwindigkeit: 140 km/h

Höheres Verkehrsaufkommen und längere Reisezüge machten Anfang der 60er Jahre eine stärkere Variante der Baureihe V 200 erforderlich. Bis zum Traktionswandel bewährte sich auch diese Maschine außergewöhnlich gut. Sie wurde zuletzt im Ruhrgebiet im Güterzug-Übergabeverkehr abgefahren.

221 143-1

221 107-6
221 140-7
27

DB
221 116-7

DB
221127-4

DB
221 137-3

Senioren-Paß
Fahr & Spar
Fahr & Spar
DB
221 112 - 6
Lübeck

N6
5
6
N5
105

DB
221 136-5

DB
221 141-5

DB
221 112-6

DB
221 104 - 3

Bilddaten

104o DB 221 117-5 am 23.12.82 in Duisburg-Wedau
104u DB 221 118-3 am 4.4.78 in Lübeck Hbf
105ol DB 221 131-6 am 23.12.82 in Mülheim-Styrum
105u DB 221 119-1 am 22.12.82 im Bw Gelsenkirchen-Bismarck
106o DB 221 143-1 am 9.12.71 im Bw Ulm Rbf
106u DB 221 107-6 und 140-7 am 22.12.82 im Bw Gelsenkirchen-Bismarck
107o DB 221 116-7 am 16.6.82 in Duisburg-Wedau
107u DB 221 127-4 am 15.4.83 in Mülheim-Styrum
108 DB 221 137-3 am 3.9.82 in Hagen-Hengstey
109o DB 221 112-6 am 4.4.78 in Lübeck Hbf
109u DB 221 112-6 am 4.4.78 in Lübeck Hbf
110 DB 221 136-5 am 11.4.84 Ausfahrt aus dem Bf Dorsten
111o DB 221 141-5 am 16.6.82 im Gbf Duisburg-Wedau
111u DB 221 112-6 am 6.3.84 Bf Dorsten
112 DB 221 104-3 am 15.4.83 in Mülheim-Styrum
113o DB 221 150-6 am 26.9.73 im Bf Horb
113ol DB 202 004-8 am 12.12.82 Bf Ludwigshafen
114u DB 202 004-8 am 12.12.82 Heidelberg Hbf
115u DB 216 001-8, DB 218 104-8 und DB 230 001-0 am 29.6.72 im Rundschuppen des Bw Hamburg-Altona. 1972 wurden die Prototypen nur noch selten eingesetzt.

DB 202

Baujahr: 1971
Anzahl: 2 Maschinen
Hersteller: Henschel

Achsanordnung: Co'Co'
Dienstgewicht: 80 t
Leistung: 2500 PS
Kraftübertragung:
drehstrom-elektrisch
Höchstgeschwindigkeit: 140 km/h

Die beiden Maschinen 202 003-0 mit zweiachsigen Drehgestellen und 202 004-8 mit dreiachsigen Drehgestellen wurden von der DB angemietet und auf Messfahrten, sonntags auch im Streckendienst, erprobt. Trotz hervorragender Ergebnisse unterblieb der Serienbau wegen mangelnden Bedarfs.

DB 230

Baujahr: 1957
Anzahl: 1 Lokomotive
Hersteller: Krauss-Maffei

Achsanordnung: C'C'
Dienstgewicht: 104 t
Leistung: 2x1425 PS
Kraftübertragung: hydraulisch
Höchstgeschwindigkeit: 140 km/h

Einzelstück, das nicht in Serie gebaut wurde.

DR
V 100-Familie

Ebenso wie die DB musste auch die DR in der DDR für eine Ablösung der Dampfloks der Länderbaureihen im Streckendienst sorgen. Das Neubau-Typenprogramm enthielt dafür eine B'B'-Diesellokomotive von 1000 PS Leistung und hydraulischer Kraftübertragung. Die Serienfertigung begann 1967 und umfasste bis 1976 in mehreren Motorvariationen über 800 Maschinen der Baureihen DR 110, 111, 112 und 114.

Wie das obere, 1999 entstandene Bild zeigt, sind einige dieser Lokomotiven bei der DB AG auch heute noch für den mittleren Streckendienst sowie für Übergabegüterzüge in den neuen Bundesländern im Einsatz.

DR 118

Baujahre: 1960-62 Vorserie
1963-70 Serie
Anzahl 375 Lokomotiven
Hersteller: VEB Lokomotivbau „Karl Marx" Babelsberg

Achsanordnung: B'B' (169), C'C' (206)
Dienstgewicht: 78 t (B'B'), 90 t (C'C')
Leistung: 2x900 PS (87), 2x1000 PS (288)
Kraftübertragung: hydraulisch
Höchstgeschwindigkeit: 120 km/h

Die Baureihe DR 118.0-3 erfüllte im hochwertigen Streckendienst und bei mittelschweren Güterzügen auf Haupt-und Nebenstrecken die in sie gesetzten Erwartungen zur vollsten Zufriedenheit, sodass die jahrzehntelang bis an die Grenze der Leistungsfähigkeit ausgenutzten Dampflokomotiven der Länderbaureihen sukzessive ausgemustert werden konnten. Während die vierachsige Loktype schon vor Jahren ausgedient hatte, existieren heute auch nur noch wenige sechsachsige Loks.

118 329-2
ihle
HAMBURG

Gleis
2
118 309-4

Nach der Wende und der Fusion von DB und DR zur DB AG wurden die von der DR in Rumänien von der Lokomotivfabrik „23.August" ab 1977 bis 1985 beschafften 200 Maschinen als Baureihe 219 eingereiht. Von 1992-93 wurden 20 Maschinen von der Firma Krupp rekonstruiert und vor allem mit stärkeren Motoren ausgerüstet. Damit konnte der EC- und IC-Verkehr auf die Hauptstrecken der neuen Bundesländer ausgedehnt werden. Diese Loks erhielten die Baureihenbezeichnung 229.

Die Lokomotiven werden noch voll erhalten. Bei fällig werdender Hauptuntersuchung bekommen sie einen Neuanstrich in der jeweils gerade aktuellen Farbgebung. Die unterschiedlichen Farbgebungsvorstellungen können auch bei den ehemaligen Lokomotiven der DR beobachtet werden.

DR 120

Baujahre: 1966-75
Anzahl: 378 Lokomotiven
Hersteller: Diesellokomotivwerk „Oktoberrevolution" Woroschilowgrad
Achsanordnung: Co'Co'
Dienstgewicht: 116 t
Leistung: 2000 PS
Kraftübertragung: elektrisch
Höchstgeschwindigkeit: 100 km/h

Mit den in Russland schon in großen Stückzahlen gebauten Diesellokomotiven der Baureihe 120 konnte die DR weitgehend die Dampfloks der Reihe 44 ablösen. Ohne Schalldämpfer röhrten die Maschinen ohrenbetäubend, was zu ihrem Beinamen „Stalins Rache" führte.

DR 132

Baujahre: 1973-82
Anzahl: 709 Lokomotiven
Hersteller: Diesellokomotivwerk „Oktoberrevolution" Woroschilowgrad
Achsanordnung: Co'Co'
Dienstgewicht: 120 t
Leistung: 3000 PS
Kraftübertragung: elektrisch
Höchstgeschwindigkeit: 120 km/h

Mit der bewährten russischen *Taigatrommel* gelang es der DR endgültig, die Dampflokomotiven der Baureihen 01.5 und 03.0 aus dem Schnellzugdienst zu verdrängen. Heute werden diese starken Lokomotiven als Baureihe 232 bzw. 234 vor allem in Ostdeutschland eingesetzt.

132 260-1

Bilddaten

116	DB AG 202 832-2 am 27.3.99 Leipzig Hbf
116ul	DR 110 369-6 am 16.3.76 bei Meißen
117ol	DR 118 391-8 am 7.9.73 Bln-Kohlhasenbrück
117u	DR 118 042-1 am 3.9.73 Bln-Kohlhasenbrück
118o	DR 118 329-2 am 31.3.82 Lübeck-Genin
118u	DR 118 309-4 am 3.10.79 Bln-Wannsee
119ol	DB AG 219 004-9 am 24.3.99 Leipzig Hbf
119or	DB AG 219 025-4 am 27.3.99 Leipzig Hbf
119ml	DB AG 219 045-2 am 27.3.99 Leipzig Hbf
119mr	DB AG 219 080-9 am 24.3.99 Leipzig Hbf
119ul	DB AG 229 120-1 am 24.3.99 Leipzig Hbf
120ol	DR 120 336-3 am 16.3.76 bei Meißen
120u	DR 120 264-7 am 16.3.76 bei Meißen
121ol	DR 132 372-4 am 8.5.84 Lübeck-Genin
121u	DR 132 191-8 am 8.5.84 Lübeck-Genin
122	DR 132 260-1 am 19.6.81 Lübeck Hbf
123o	DR 132 293-2 am 18.6.81 Lübeck Hbf
123ul	DR 132 372-4 am 8.5.84 Lübeck-Moisling

DB
702 134-8

DB
701 108-3

Dieselgetriebene Oberbau-Erhaltungsfahrzeuge DB 700 Familie

Als Eisenbahnfotograf wird man von Zeit zu Zeit mit skurrilen Fahrzeugen konfrontiert, die erst auf den zweiten Blick offenbaren, dass auch sie zur Flotte der dieselgetriebenen Maschinen gehören. Es handelt sich dabei um die verschiedensten Vertreter von Oberbau-Erhaltungsfahrzeugen. Angefangen von Schienenmessdraisinen, Schienenschleifzügen, Gleisbaumaschinen bis zu allen Arten von Oberleitungs-Baufahrzeugen, tummeln sich all diese selbstfahrenden Fahrzeuge auf Haupt- und Nebenstrecken herum, solange es Fahrplanlücken gestatten oder bei mehrgleisigen Strecken die Sperrung eines Gleises möglich ist. Auch sie gehören zum alltäglichen Bild einer Eisenbahn und geben bisweilen sogar interessante Motive ab.

Bei der Deutschen Bahn werden solche Fahrzeuge unter der Betriebsnummer 7XX geführt, wobei vor allem die zahlreichen Vertreter der 700-Familie mit den Baureihen 701, 702 und 704 recht häufig auf den Strekken anzutreffen sind.

Bei der DB sind diese Fahrzeuge von den Dieseltriebwagen der Baureihen 798 und 614 abgeleitet worden, wie ein genauerer Blick auf diese bunten Fahrzeuge schnell offenbart.

Sogar bei den Oberbau-Erhaltungsfahrzeugen kann man Farbvarianten beobachten. Während in den ersten Jahrzehnten der DB Gelb als Warnfarbe offenbar als ausreichend auffällig angesehen wurde, sticht den Beobachtern heute auch ein aggressives Rot ins Auge.

DB
704 001-7

KUFSTEIN
SM 125
ICHT ABSTOSSEN

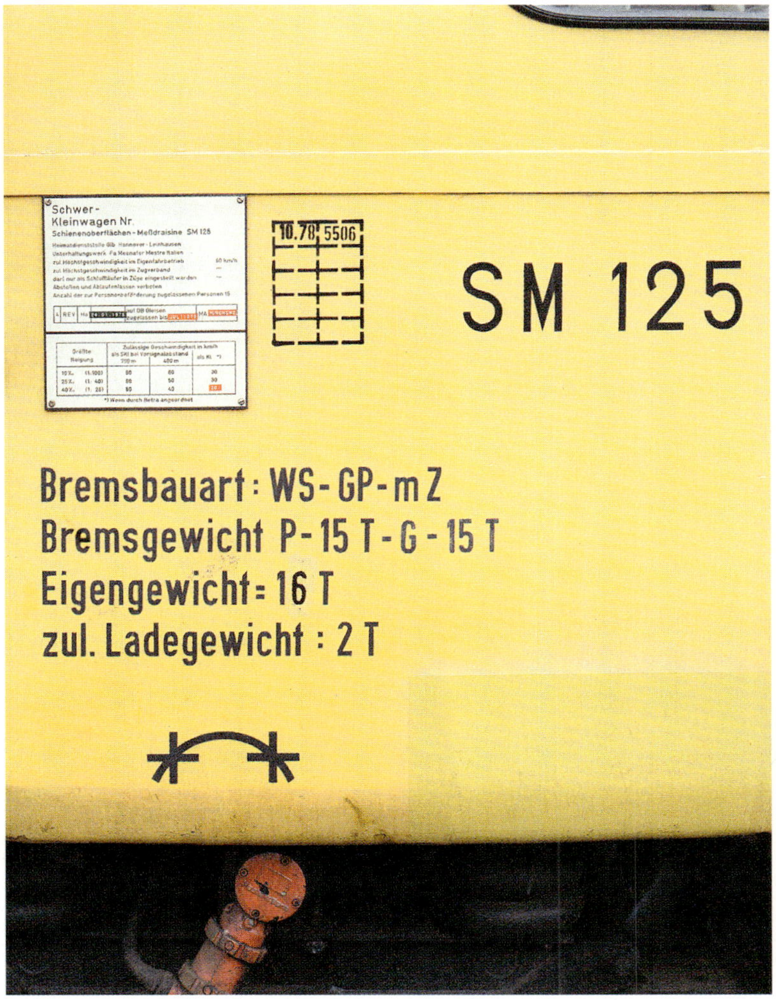
SM 125
Bremsbauart: WS-GP-mZ
Bremsgewicht P-15 T-G-15 T
Eigengewicht: 16 T
zul. Ladegewicht : 2 T

Dieseltriebwagen vor der Kamera
Von der Faszination der Eisenbahnfotografie

Eisenbahnbegeisterung basiert fast immer auf einem traumatischen Erlebnis. Das gilt umso mehr für den Wunsch, die erlebte Begeisterung auch im Bild festzuhalten. Zuerst war das Erlebnis bestimmend. Bei mir datiert es zurück ins Kinderwagenalter. Eisenbahn gehörte damals zu meinem Alltag. Mein Großvater war bis zum Ende des Ersten Weltkrieges Eisenbahn-Obersekretär (heute würde man sagen Manager) bei der Lübeck-Büchener-Eisenbahn (LBE), die das hohe Zugaufkommen vor allem dem Bäderverkehr von Hamburg zum Ostseebad Lübeck-Travemünde verdankte und dadurch bedingt zum Vorreiter einer ganzen Reihe von eisenbahntechnischen Entwicklungen wurde. Genannt sei nur der Wendezugverkehr mit stromlinienförmig verkleideten 1'B1'-Lokomotiven und Leichtbau-Doppelstockwagen, mit denen die Hamburger Badegäste in nur 45 Minuten komfortabel an die Ostsee befördert wurden. Für mich als kleiner Bub waren das schon Anfang der 30er Jahre Doppeldecker-Triebwagen.

Ein zweites Ereignis hatte dann schon direkten Bezug zum Dieseltriebwagen. Wir weilten 1935 in den Sommerferien in Stixe, einem kleinen Dorf unweit der Elbe und der Eisenbahnlinie Hamburg-Berlin. Niemals werde ich vergessen, wie ich an einem beschrankten Bahnübergang auf einen Zug wartete. Und dann sah ich stattdessen eine Staubwolke rasend schnell näherkommen. Mit 160 km/h donnerte blitzschnell ein nie gesehenes zweiteiliges Fahrzeug vorbei und verschwand in einer riesigen Staubwolke am Horizont. Sie ahnen es: Es konnte nur der *Fliegende Hamburger* gewesen sein, der als SVT 877 von der Deutschen Reichsbahngesellschaft seit 1933 im Städteschnellverkehr zwischen Hamburg und Berlin eingesetzt wurde. Während meine Spielgefährten auch weiter von Autos träumten, die *mit 80 durch die Kurve* fuhren, fühlte ich mich ihnen haushoch überlegen, hatte ich doch schon einen Zug doppelt so schnell vorbeirasen gesehen.

Es folgte Jahre später noch ein drittes Erlebnis. Inzwischen hatte ich in Kiel studiert und musste 1955 einen Vortrag auf der Jahrestagung der Deutschen Bunsengesellschaft halten.........in Freiburg! Eine einmalige Gelegenheit für eine luxuriöse Bahnfahrt mit dem TEE von Hamburg nach Freiburg in einer VT 08.5-Garnitur. Die drei Erlebnisse waren tief in das Gedächtnis eingebrannt und schlummerten vorerst im Unterbewusstsein. Irgendwann aber bahnten sie sich den Weg zurück ins Bewusstsein und führten zur Leidenschaft, Eisenbahnen zu sehen, zu erleben und im Bild das Erlebte zu gestalten. Der Beginn dieser Leidenschaft fiel mit dem Ende der Dampftraktion bei der Eisenbahn zusammen. Davon zeugen meine beiden ersten Eisenbahnbücher *Dampflok Atmosphäre* und *Dampflok Alltag*. Jetzt folgen die Dieseltriebwagen. Es wird Sie nicht verwundern, dass dabei der Baureihe VT 08.5, die später unter der Bezeichnung 612 geführt wurde, breiter Platz eingeräumt wird.

Schnelltriebwagen
Inbegriff modernen Reisens in der ersten Hälfte des 20. Jahrhunderts

Was macht eigentlich die Sonderstellung der Triebwagen innerhalb des Fahrzeugparks bei der Eisenbahn aus? Heute, im Zeitalter der elektrischen Traktion, ist die Faszination, die Triebwageneinheiten früher immer auf die Reisenden ausgestrahlt haben, vielleicht schwer verständlich. Aber versuchen Sie doch einmal, sich in den Verkehr der 30er und 50er Jahre hinein zu versetzen. Das Standardverkehrsmittel für nahe und weite Reisen waren damals dampfgeführte Eisenbahnzüge. Sie waren unbequem, rüttelten und schüttelten die Reisenden, machten viel Lärm, und durch das immer wieder geöffnete Fenster drangen Rauch und Ruß in das Abteil. Reisen hieß damals auch immer, schmutzig werden und Kohlepartikelchen in die Augen kriegen.

Ganz anders das Reisen im Triebwagen. Schon wie er in den Bahnhof einfuhr, war ein Erlebnis. Ohne Rauch und nur leise summend fuhr er ohne zu ruckeln an den Bahnsteig. Die Abteile waren sauber und komfortabel – im Vergleich zur damaligen Umwelt – eingerichtet. Und auch in voller Fahrt erfüllte sich die Erwartung eines gemütlichen Reisens. Triebwagen für den Fernverkehr waren von Anbeginn an mit vierachsigen Drehgestellen ausgerüstet und wiegten sich langsam im Takt des unendlichen Schienenstrangs mit seinen dauernden Schienenstößen. Fahren mit einem Triebwagen wurde zum Inbegriff des modernen Reisens in der ersten Hälfte unseres Jahrhunderts und beim Studium des Eisenbahn-Kursbuches waren Züge mit einem Triebwagen-Symbol immer besonders begehrt.

Der legendäre Ruf der Triebwagen wurde aber vor allem durch besonders luxuriöse Fernschnellzüge begründet, wie sie Anfang der 30er Jahre von der Deutschen Reichsbahn mit dem *Fliegenden Hamburger,* dem schnell weitere Tages-Schnellverbindungen folgten, eingesetzt wurden. Allerdings führten sie nur 1. und 2. Klasse und kosteten extra hohe Zuschläge, sodass sie nur von einer kleinen Gruppe gut betuchter Reisender benutzt werden konnten während die Masse der Bevölkerung auf die 3. Klasse-Dampfzüge beschränkt war. Aber auch diese Sonderstellung trug natürlich ganz wesentlich zu ihrem Ruf als Nonplusultra des Reisens bei.

Die Entwicklung eines grenzüberschreitenden Fernreiseverkehrs nach dem Krieg wurde in Europa noch einmal von den luxuriösen Dieseltriebwagen bestimmt. Sie können als Museumszüge noch heute bestaunt werden und haben nichts von ihrem Ruf eingebüßt.

D B

TEE
TRANS EUROP EXPRESS

Deutschland und Österreich im Vergleich
Gemeinsame Ziele, aber unterschiedliche Wege

In Deutschland und Österreich wurden in den 30er Jahren die ersten Dieseltriebwagen für den gehobenen Fernschnellverkehr in Dienst gestellt. Bei beiden Bahnverwaltungen setzte man dabei zuerst auf die dieselelektrische Kraftübertragung. Während in Deutschland die zweiteiligen Triebwagenzüge SVT 877 – im Volksmund alsbald *Fliegender Hamburger* wegen des erstmaligen Einsatzes zwischen Hamburg und Berlin genannt – international Furore machten, setzten die BBÖ auf kleine, einteilige Triebwagen, die auf den nichtelektrifizierten Strecken hohen Komfort (wie er auf den elektrifizierten Alpenstrecken schon gewohnt war) anbieten konnten.

Einen großen Sprung nach vorne bedeuteten die noch von der BBÖ bei der Simmeringer Waggonfabrik in Auftrag gegebenen Triebwagen der Baureihe VT 44, die 1938/39 an die DRG abgeliefert und als leistungsfähige Fahrzeuge mit dieselhydraulischer Kraftübertragung geschätzt wurden (Beispiel: vorige Seite!).

Der Einsatz im hochwertigen Reiseverkehr war allerdings nur von sehr kurzer Dauer. Mit Beginn des Krieges wurden die VT 44-Triebwagen zu begehrten Kommando-Fahrzeugen bei der Eisenbahn-Artillerie.

Nach dem Kriege konnte an die Erfahrungen der Vorkriegszeit fast nahtlos angeknüpft werden. Für den Fernschnellverkehr entstanden in Deutschland die dieselhydraulischen mehrteiligen Triebwagenzüge der Baureihen VT 08.5 und VT 11.5. Bei ihnen waren auch die Kupplungen zwischen den einzelnen Wagen eines Zuges als Schwarzenberg-Mittelpufferkupplungen ausgeführt, was besonders elegante Übergänge von einem Wagen zum nächsten ermöglichte.

In Österreich setzte man auch weiterhin auf einzelne Wageneinheiten mit etwas antiquierten Übergängen. Das erste Produkt des Neubeginns war der berühmte *Blaue Blitz*, Baureihe 5145, für den Alpen-Adria-Schnellverkehr der 50er Jahre. Sie sehen ihn im obigen Bild.

BK KLING
HAGEN
B
DB

Dieseltriebwagen
Nachkriegsneubeginn und Zukunft bei der Deutschen Bundesbahn

Welche Triebwagen konnten denn nun in den 70er und 80er Jahren auf den Gleisen der Deutschen Bundesbahn noch erlebt werden? Mit Ausnahme der ersten Nachkriegs-Prototypen und aller Vorkriegsbaureihen, die längst aus dem aktiven Dienst verabschiedet wurden, gab es noch ein buntes Gemisch aus vom Design her eindrucksvollen Baureihen der 50er Jahre und eher unauffälligen Nachfolgetypen. Das Design wurde zum Ausdruck der Bedeutung für den Eisenbahnverkehr.

In den 50er Jahren waren die neuen Nachkriegstriebwagen der Baureihen 612 und 601 äußerlich Ausdruck des überstandenen Krieges, des engagierten Wiederaufbauwillens, des Zusammenwachsens der europäischen Verkehrsströme. Elegante, kraftvolle Formen waren Ausdruck des wiedererstandenen luxuriösen Reisens über alle früheren Grenzen hinweg.

Die enthusiastische Stimmung hielt bei der Deutschen Bundesbahn und ihren Kunden nur wenige Jahre dem immer stärker werdenden Einfluss des Autoverkehrs stand. Die Bahn war schon bald nicht mehr *in*, verlor schnell ihren Status als luxuriöses Verkehrsmittel an Auto und Flugzeug. Die Bahn wurde zu einem wenig florierenden Unternehmen. Das Design weist es aus. Baureihen wie die Triebwagen 614, 624, 634, 627 und 628 sind an Schlichtheit und Unattraktivität kaum noch zu überbieten. Erst Jahre später begann langsam ein Umdenken und eine Wiederbelebung der Bahn. Das Design der heutigen Dieseltriebwagen weist es wiederum aus.

Allerdings hat sich die Stellung des Dieseltriebwagens im Rahmen des Eisenbahn-Fahrzeugparks ganz wesentlich verändert. Dem Fernschnelltriebwagen war nach dem Kriege nur noch eine kurze Zukunft beschieden. Schon bald waren alle europäischen Fernstrecken durchgehend elektrisch befahrbar. Das elegante Reisen mit der Bahn verlagerte sich zuerst auf lokomotivgeführte elektrische Reisezüge, denen dann wiederum modern ausgestattete und designte elektrische Triebwagenzüge folgten. Aber das ist schon ein anderes Buch......

Über den Fernverkehr wird nur allzu leicht die Bedeutung des Dieseltriebwagens beim Wiederaufbau des Nahverkehrs vergessen. Die Fernschnelltriebwagen waren zweifellos ein eindrucksvolles Aushängeschild der Deutschen Bundesbahn nach dem Kriege. Für die Masse der Bevölkerung aber viel bedeutender war der Beitrag der Bahn beim Wiederaufbau des Nahverkehrs vor allem außerhalb der Ballungsgebiete. Hier mussten all die alten, durch den Krieg oft ramponierten und in schlechtem Zustand befindlichen Dampflokomotiven möglichst rasch ersetzt werden. Bereits im Jahre 1949 – also nur wenige Monate nach der Währungsreform – entwickelte die Waggonfabrik Uerdingen einen zukunftsweisenden Dieseltriebwagen für den Nahverkehr auf Nebenbahnen, der, nach Erprobung und vielen Änderungen schließlich als Schienenbus in großen Stückzahlen gebaut – zum Entsetzen der vielen Dampflokfreunde –, den Nahverkehr revolutionieren konnte.

DB

DB

DB
W2

DB

DB

DB VT 11.5 DB 601 DB 602

Für den Mitte der 50er Jahre geplanten grenzüberschreitenden *Trans-Europ-Express*-Dienst standen in Europa noch kaum zusammenhängende elektrifizierte Fernstrecken zur Verfügung. Für diese Züge kamen also nur dieselgetriebene Triebwagen in Betracht.

Die Deutsche Bundesbahn ließ unter der Leitung des BZA München von einem Industriegremium einen solchen Triebwagenzug konzipieren und wegen des TEE-Termindruckes auch beschleunigt konstruieren. Der zuerst als VT 11.5 bezeichnete siebenteilige Triebwagenzug mit jeweils zwei Triebköpfen und fünf Mittelwagen wurde alsbald zum Inbegriff des modernen europäischen Express-Reiseverkehrs.

Ab 1971 wurden vier Triebköpfe mit Gasturbinen ausgestattet. Zwei Züge mit jeweils einem Triebkopf 601 und 602 fanden bis 1978 im Intercityverkehr zwischen Bremen und München Einsatz und wurden danach von dem Triebwagenzug ET 403 abgelöst.

Baujahre: DB 601 1957-59
DB 602 1971-73
Anzahl: DB 601 10 Einheiten mit 20 Triebköpfen
DB 602 4 Triebköpfe
Hersteller: MAN, LHB, Wegmann

Achsanordnung: B'2'+2'2'+2'2'+2'2'+2'2'+2'2'+2'B'
Kupplung: Schwarzenberg-Mittelpufferkupplung
Dienstgewicht: 214 t
Leistung: DB 601 2x1100 PS
DB 602 Gasturbine 2200 PS
Kraftübertragung: hydraulisch
Höchstgeschwindigkeit: DB 601 160 km/h
DB 602 200 km/h

In späteren Jahren wurden im Reiseverkehr der Touristikunternehmen bedarfsweise auch Einheiten mit 6 und 7 Mittelwagen gefahren.

TRANS EUROP EXPRESS
TEE

DB

DB

JNTER
CITY

DB

INTER CITY

DB

JNTER
CITY

JNTER
CITY

DB

DB

Bilddaten

128 DB VT 08 520 am 7.9.85 Nürnberg-Langwasser
129u DB VT 08 520 am 7.9.85 Nürnberg-Langwasser
130 ÖBB 5144.05 am 4.5.81 bei Asparn/Zaya
131o ÖBB 5042.03 am 3.5.81 bei Hauskirchen
132o DB VT 08 520 am 7.9.85 Nbg-Dutzendteich
132u DB 601 019-3 am 7.9.85 Nbg-Dutzendteich
133o ÖBB 5145.05 und ÖBB 5145.09 am 15.5.81 ZfL Wien Ost
134 DB 614 060-2 am 1.4.81 Block Klingenhagen
135o DB 613 611-3 am 2.4.81 vor Seesen
136ol DB 601 016-0 am 9.6.83 Bf Titisee
136or DB 601 014-4 am 9.6.83 Bf Titisee
136m DB 601 001-1 am 28.8.82 Köln Hbf
136ul DB 601 016-0 am 9.6.83 Bf Titisee
136ur DB 601 014-4 am 9.6.83 Bf Titisee
137u DB 601 019-3 am 3.10.85 Bochum-Dahlhausen
138o DB 601 004-4 am 19.11.85 Bw Hamm
138m DB 601 ? am 19.11.85 Bw Hamm
138u DB 601 ? am 19.11.85 Bw Hamm
139o DB 602 ? am 31.8.77 bei Sudmühle
139u DB 601 ? am 12.9.82 bei Sachsenheim
140 DB 601 ? am 4.4.77 bei Pappenheim
141o DB 601 ? am 4.4.77 bei Pappenheim
141u DB 601 ? am 28.2.79 bei Lonsee
142o DB 601 018-5 am 28.8.82 Köln Hbf
142u DB 601 ? 3.8.77 München Hbf
143o DB 602 002-9 23.4.77 in Köln
143u DB 601 018-5 am 28.8.82 in Köln
144, 145o DB 601 014-4 am 9.6.83 Bf Kappel-Gutachbrücke

Legende: Seitenzahlen gegebenenfalls mit Zusatz von o = oben, u = unten
l = linkes Bild, m = mittleres Bild, r = rechtes Bild

W
DB

DB VT 12.5 DB 612
DB VT 08.5 DB 613

Nach Gründung der Deutschen Bundesbahn ging man sofort daran, Dieseltriebwagen für den Fernreiseverkehr und die Städteschnellverbindungen zu beschaffen. Man wählte im Gegensatz zu den dieselelektrischen Schnelltriebwagen der Vorkriegszeit jetzt die hydraulische Kraftübertragung und eine konsequente Leichtbauweise. Besonders auffällig war das damals überaus moderne Design mit der markanten Frontpartie, die im Volksmund schnell den Namen *Eierköpfe* prägte.

Ab 1954 fanden die VT 08.5-Einheiten Einsatz im neugegründeten Trans-Europ-Express-Schnellverkehr. Durch die fortschreitende Elektrifizierung der großen Durchgangsstrecken wurden diese einstmals für den Fortschritt der Deutschen Bundesbahn stehenden Triebwagen in immer untergeordnetere Dienste abgedrängt. Zuletzt konzentrierte sich in den 80er Jahren ihr Einsatz auf Schleswig-Holstein und den Raum zwischen Braunschweig, Goslar und Göttingen.

Baujahre: 1952-57
Anzahl: 32 Triebköpfe, 34 Mittelwagen, 17 Steuerwagen
Hersteller: MAN, DÜWAG, Rathgeber

Achsanordnung: B'2'+2'2'+2'2', weitere Mittelwagen konnten eingestellt werden, die Züge fuhren dann mit zwei Triebköpfen.
Kupplung: Schwarzenberg-Mittelpufferkupplung
Dienstgewicht: 120 t (dreiteilige Einheit)
Leistung: 1000 PS
Kraftübertragung: hydraulisch
Höchstgeschwindigkeit: 140 km/h

Nach dem Ersatz der VT 08.5 durch VT 11.5 im Fernschnelldienst wurde ein Teil der Einheiten für den Städteschnellverkehr umgebaut und von da ab als Baureihe VT 12.6 (später 613) geführt. Der VT 12.5 wurde von vornherein für diesen Einsatz konzipiert.

4
KIEL-HBF
GLEIS 3
DB

ASTRA
DB

ASTRA
6
DB

GLEIS 3
GLEIS 5
Der neue Polo.
DB

Kp

W

EUTIN

EDUSCHO KAFFEE
DB
EUTIN

Bilddaten

146	DB 612 512-4 am 2.4.82 Ausfahrt vom Bw Kiel
147u	DB 912 602-0 am 26.10.79 Hamburg-Altona
148o	DB 912 601-2 am 19.8.81 Kiel Hbf
148u	DB 612 506-6 am 10.4.82 Lübeck Hbf
149o	DB 612 502-5 am 1.4.82 Lübeck Hbf
149u	DB 612 505-8 am 2.4.82 Kiel Hbf
150	DB 612 502-5 am 2.4.82 Kiel Hbf
151	DB 612 502-5 am 2.4.82 Kiel Hbf
152ol	DB 613 609-7 am 31.3.81 bei Hahausen
152or	DB 612 502-5 am 19.8.81 vor Kiel Hbf
152u	DB 612 506-6 am 1.4.82 Lübeck Hbf
153o	DB 612 505-8 am 21.6.81 Bf Eutin
153u	DB 612 506-6 am 1.4.82 Bf Eutin
154ol	DB 612 509-0 am 17.6.81 vor Mölln
154u	DB 613 603-0 am 1.4.81 Neuekrug-Hahausen
155or	DB 613 609-7 am 4.11.81 vor Braunschweig
155u	DB 613 609-7 am 31.3.81 Bf Bad Harzburg

Auf den folgenden beiden Seiten werden einige Detailaufnahmen der Triebwagen der Baureihen 612/613 gezeigt:

156o DB 613 602-2 am 1.4.81 Bf Goslar. Der schon arg ramponierte Triebwagenkopf kontrastiert zu dem wie aus dem Ei gepellten Zugführer.

156u DB 913 001-4 am 2.4.82 Braunschweig Hbf

157o DB 612 505-8 am 20.6.81 Bf Malente-Gremsmühlen

157u DB 612 502-5 und 913 609-4 am 19.8.81 Bf Neumünster

158ul DB 612 505-8 und 913 608-6 werden am 3.4.82 im Bf Neumünster zum Eilzugpaar zusammengekuppelt.

158ur DB 913 608-6 am 3.4.82 Bf Neumünster mit schon geöffneter Scharfenberg-Kupplung

159 DB-Kursbuchpläne für die Strecken 130 und 131 aus dem Jahre 1975

DB

2
2
913 001 - 4
AB üm
37,0 t
12 + 48 Pl
25,8 m
KE - el-Mg
D
P + Mg 60 t
P 45 t

612 505-8 Hmb
DB Post yL
1000PS
140 km/h

913 609-4 Hmb
AB yLs
Kiel
140 km/h

Strecken Hamburg-Neumünster-Kiel bzw. -Flensburg
Letzte Paradestrecken der Dieseltriebwagen Baureihen 612 und 613

Auf den folgenden Seiten sollen einige Bildeindrücke von den schleswig-holsteinischen Fernstrecken von Hamburg-Altona nach Kiel und von Hamburg-Altona nach Flensburg vorgestellt werden. Es waren die letzten Paradeverbindungen der einstmals so stolzen Fernschnelltriebwagen der DB. Besonders eine Fahrt in den sich leicht wiegenden und fast geräuschlosen Triebwagen über die Rendsburger Hochbrücke über den Nord-Ostsee-Kanal mit ihren langen, klappernden Auffahrtsrampen wird den Reisenden unvergesslich bleiben.

Beginnen wir mit einem kurzen Blick in das DB-Kursbuch der damaligen Zeit. Die mit Dieseltriebwagen geführten Kurse sind leicht an dem Triebwagen-Symbol herauszufinden. Besonders interessant waren die Eilzugpaare E 3514/3614 bzw. in der Gegenrichtung nach Hamburg-Altona E 3515/3615, die zwischen Hamburg-Altona und Neumünster als Doppeleinheit geführt, im Bahnhof Neumünster geteilt bzw. zusammengefügt wurden und als Flügelzüge nach bzw. von Flensburg und Kiel operierten.

In Neumünster bot sich bei dem Zugpaar nach Hamburg-Altona jedesmal das Schauspiel der automatischen Kupplung von zwei Flügelzügen mit Hilfe der Scharfenberg-Kupplungen. Vom Führerstand der Triebköpfe bzw. Steuerwagen aus mussten vorher die Abdeckkappen hochgeklappt werden. Auf den beiden unteren Bildern ist ein solcher Vorgang zu verfolgen. In strömendem Regen nähert sich der Kieler Flügelzug, während der Flensburger Eilzug schon einige Minuten vorher am gleichen Bahnsteig eingefahren war. Rechts kann man den Steuerwagen 913 608-6 mit geöffneter Scharfenberg-Kupplung gut erkennen. Der automatische Vorgang ermöglichte das Zusammenfügen und Trennen von einzelnen Triebwageneinheiten ohne längere Aufenthaltszeiten.
Ein ähnlicher Vorgang spielte sich auch täglich im Kieler Hauptbahnhof ab. Dort erhielt der Flensburger Eilzug E 3519, der in Kiel gestürzt werden musste (der Kieler Hauptbahnhof ist als Kopfbahnhof ausgebildet!), eine weitere Einheit als Vorspann.

Die in Schleswig-Holstein verkehrenden Dieseltriebwagenzüge konnten in den beiden imposanten Hauptbahnhöfen von Kiel und Lübeck mit ihren mehrere Gleise überspannenden Kuppelhallen von jeweils vor den Bahnhöfen über die Gleise führenden Straßenbrücken gut beobachtet und fotografiert werden. Beide Bahnhöfe verloren bei Bombenangriffen zwar ihre Glasdächer, die Schäden konnten aber nach dem Kriege relativ schnell wieder behoben werden.

Anfang der 80er Jahre wurden die Triebwagenzüge von der Unterhaltung zurückgestellt und nach Auftreten größerer Schäden z-gestellt (vom Einsatz zurückgestellt) und schließlich ausgemustert. Nach dreißigjährigem Einsatz war die Zeit der einstmals so modernen Dieseltriebwagen beendet. Aber noch immer erregt der VT 08 520, zum DB-Jubiläum 1985 wieder in den Ursprungszustand versetzt, Aufsehen und Bewunderung.

130 Hamburg–Neumünster–Kiel

	Bremen Hbf 100	ab	1.46								4.18		4.24						7.11			
	Hamburg Hbf 100	an	2.54								5.39		5.44						8.22			
	Hamburg-Altona 100	an									5.56		6.01									
	Hannover Hbf 150	ab												4.38		5.08			6.21			
	Hamburg Hbf 150	an												6.39		6.59			8.28			
	Hamburg-Altona 150	an												6.56		7.16			8.46			
km	BD Hamburg	Zug Nr	E 635		5540	5542				5544	D 637	5863	D 639	E 639		E 3512		5548	D 558			D 331
			◁▶		2. ◁▶	2. ◁▶					◁▶	⑨		⑥				2. ◁▶				
0	Hamburg Hbf (Gesamtverkehr siehe 190)	ab	3.15 (Köln–Essen-Altenessen–Flensburg)		nach Kellinghusen	von Kellinghusen					5.45 (Köln–Essen–Flensburg)	nach Ascheberg	5.50	(Bonn–Köln–Essen–Flensburg)					8.35 (Lindau–Stuttgart–Frankfurt–Kiel)			9.20 (Hamburg–Frederikshavn, NORDPFEIL)
2	Hamburg Dammtor										5.49		5.54						8.39			
7	Hamburg-Altona									✕5.29	6.13		6.01	7.02		7.47			9.11			
22	Pinneberg		Ⓗ							5.44	Ⓗ		an									
25	Prisdorf																					
29	Tornesch		①							5.52				①		①						
37	Elmshorn 120, 139	an								5.59				7.23		8.06						
	Elmshorn	ab			a 4.55					6.02				7.24		8.07		✕8.12				
43	Horst (Holst)				5.01	nicht				6.08								8.18				
48	Dauenhof				5.06	24.				6.13								8.23				
58	Wrist	an	3.54		a 5.15	und				✕6.22						8.21		✕8.31				
	Itzehoe 122	ab			nicht	31.XII.				✕5.34						‡†7.35/✕7.45						
58	Wrist	ab	3.56		24.	a 5.37				✕6.24		d7.01				8.22	✕ von Heide	✕8.33				
66	Brokstedt				und	5.44				6.31		7.06						8.40				
71	Arpsdorf				31.XII.	5.49				6.36								8.45				
80	Neumünster 123, 131, 137	an	4.13	nach		a 5.57				✕6.44	6.58	d7.14		7.53 [2]		8.37		✕8.54	9.54			10.13
	Ascheberg (Holst) 148	an		Flens-		✕7.03				a7.56■		a7.56						9.23				
	Bad Oldesloe 142	ab		burg				a5.26							6.46				✕7.51			
		Zug Nr		E 3506 ◁▶	5502		5504 ■ ◁▶	E 3508 ■ ◁▶	5506 ◁▶						E 3510		5508 5455 ◁▶				5510	
80	Neumünster 123, 131, 137	ab		4.26	✕5.35		a6.04	a6.19	✕6.40	✕6.56					8.03	8.40	8.49		9.59	†10.00	✕10.09	
87	Einfeld				5.40		6.10		6.46	7.01					⑥		8.54			10.09	10.14	
92	Bordesholm			Ⓗ	5.46		6.16		6.52	7.08							9.00			▲10.15	10.20	
101	Flintbek				5.53		6.23	[3]	7.01	7.16							9.08			▲10.23	10.28	
111	Kiel Hbf 10130, 10131, 10132	an		4.51	✕6.04		a6.34	a6.42	✕7.12	✕7.27					8.22	9.01	9.18		10.21	†10.40	✕10.39	
	Kiel Hbf 145	ab		5.06			✕6.43			✕7.45					8.39		c 9.44		10.33			
	Eckernförde 145	an		5.31			✕7.21			✕8.12					9.16		c10.15		11.01			

	Bremen Hbf 100	ab		■1)7.58/◊p 8.50		8.54	10.02/◊e 10.15				10.51			12.17/	◊p 12.30		13.03			◊14.11		
	Hamburg Hbf 100	an		■1)9.19/◊p 9.47		10.09	11.09/◊e 11.14				12.14			13.24/	◊p 13.29		14.09			◊15.09		
	Hamburg-Altona 100	an		■1)9.36/◊p 10.01							12.29				◊p 13.45					◊15.26		
	Hannover Hbf 150	ab		7.45■1)				9.12			10.00/◊e 10.52				11.54	12.29	◊p 12.44					
	Hamburg Hbf 150	an		9.39■1)				11.04			11.49/◊e 12.19				13.20	14.10	◊p 14.13					
	Hamburg-Altona 150	an		9.56■1)							12.06/◊e 12.34				13.36							
	BD Hamburg	Zug Nr		E 3514	E 3614	6534		824	5550		E 3518	E 3618		5554	D 690		D 333			E 3522	E 3622	
						◁▶			2.		◁▶2)				◁▶							
	Hamburg Hbf (Gesamtverkehr siehe 190)	ab				Ⓢ10.24		✕11.33 (FÖRDE-CITY)							13.25 (KONSUL und FÖRDE-CITY; (Stuttgart–Frankfurt–) Kiel)		14.21 (Köln–Århus; WIKING-CITY)					
	Hamburg Dammtor			②	②	Ⓢ10.27					③	③			13.29					④	④	
	Hamburg-Altona			10.24	10.24 (Hamburg–Flensburg)						12.49	✕12.49 (Hamburg–Rendsburg–Flensburg)		✕12.56	13.50		Ⓗ ✕			15.33	15.33 (Hamburg–Flensburg)	
	Pinneberg					10.55								13.10								
	Prisdorf			①	①	10.58					①	①								①	①	
	Tornesch					11.03								13.18								
	Elmshorn 120, 139	an		10.43	10.43	11.10					13.08	13.08		13.26						15.51	15.51	
	Elmshorn	ab		10.44	10.44				✕11.42		13.09	13.09		13.29						15.52	15.52	
	Horst (Holst)								11.48					13.36								
	Dauenhof								11.53					13.41								
	Wrist	an		10.57	10.57			✕	✕12.02		13.22	✕13.22		✕13.51						16.05	16.05	
	Itzehoe 122	ab		‡†10.13/✕10.26							‡†12.40/✕12.44									✕14.15		
	Wrist	ab		10.58	10.58			✕	✕12.10		13.23	✕13.23		✕13.52						16.05	16.05	
	Brokstedt								12.17					14.00								
	Arpsdorf								12.22					14.06								
	Neumünster 123, 131, 137	an		11.12	11.12			✕12.18	✕12.31		13.37	✕13.37 ⑧		✕14.15	14.30		15.16			16.19	16.19	
	Ascheberg (Holst) 148	an		12.13					13.56								✕15.52			a17.19■		
	Bad Oldesloe 142	ab		10.16														14.25				
		Zug Nr				5512 ◁▶							5516 ◁▶			5518		E 3520 ◁▶ (FÖRDE-CITY)				5520 ◁▶1)
	Neumünster 123, 131, 137	ab		11.16		11.51		✕12.20			13.40		13.53		14.32	✕14.52		15.28		16.21		16.42
	Einfeld					11.57							13.59			14.58						16.48
	Bordesholm					12.03							14.05			15.05		⑦				16.54
	Flintbek					12.11							14.16			15.13						17.03
	Kiel Hbf 10130, 10131, 10132	an		11.35		12.21		✕12.40			14.00		14.27		14.52	✕15.24		15.46		16.40		[1]17.13
	Kiel Hbf 145	ab		✕12.13				12.49			✕14.09							15.52				17.22
	Eckernförde 145	an		✕12.49				13.16			✕14.44							16.26				18.00

Ⓗ Mo, auch 27. XII., 3. I., 2. IV. u 22. V., nicht 23. u 30. XII., 31. III. u 19. V.

a = ✕ außer Sa
b = täglich außer Sa
c = Sa und †
d = ✕ bis 12. X., 21. X. bis 21. XII., 8. I. bis 13. II., 17. II. bis 15. III., 8. IV. bis 16. V. u ab 21. V.
e = Mo bis Sa, nicht 22. XII. bis 1. I., 29. bis 31. III. u 19. V.
p = Mo bis Fr, nicht 21. XII. bis 1. I.

① ab Hmb-Altona Ⓢ-Bahn-Fahrausweise ungültig
② E 3514 und E 3614 } bis Neumünster vereinigt
③ E 3518 und E 3618 } bis Neumünster vereinigt
④ E 3522 und E 3622 } bis Neumünster vereinigt
⑥ Kurswagen Bonn–Hamburg–Kiel
⑦ Kurswagen Köln–Hamburg–Kiel
⑧ Rendsburg–Flensburg ✕ außer Sa, nicht 24. u 31. XII.
⑨ ✕ außer Sa 2. Klasse

Ⓢ Anschlußzüge der elektrischen Ⓢ-Bahn
◊ TEE oder IC, 1. Klasse
▲ Bus hält nicht am Bahnhof
‡ Busanschluß
Kein Anschluß an:
[1] 368 nach Schönberger Strand
[2] 214 nach Hmb-Eidelstedt
[3] 4244 nach Flensburg
◁▶1) ✕ ohne Gepäck- und Fahrradbeförderung

131 Hamburg–Neumünster–Flensburg–Pattburg

	Bremen Hbf 100	ab	1.46						4.18		4.24								7.11	■1)7.58/◊:8.50		
	Hannover Hbf 150	ab										4.33⑥							6.21		■1)7.45	
km	BD Hamburg	Zug Nr	E 635			5540	5542	5544	D 637		D 639	E 639			E 3512	5548	D 598	D 331		E 3614	
			◁▶ ①			2. ◁▶	2. ◁▶		◁▶							2. ◁▶					
0	Hamburg Hbf (Gesamtverkehr siehe 130)	ab	3.15			■	■		5.45		5.50	①						9.20		①	
2	Hamburg Dammtor		Ⓗ						5.49		5.54										
7	Hamburg-Altona								6.13		6.01	7.02					9.11			10.24	
37	Elmshorn					a4.55			Ⓗ		an	7.24			8.07	✕8.12				10.44	
56	Wrist		3.56			a5.15	a5.37	✕6.24							8.22	8.33				10.58	
80	Neumünster	an	4.13			an	a5.57	✕6.44	6.58			7.53			8.37	✕8.54	9.54	10.13		11.12	
	Bad Oldesloe 142	ab					a5.26				✕6.46/†6.49							✕7.51		10.16	
		Zug Nr		5600 ■ ◁▶	4283 2.	5604 ◁▶	5608	5612		5656 2.	5725			5618		E 3650			4287 2.		
80	Neumünster 123, 130, 137, 148	ab	4.18 (Köln–Essen-Altenessen–Flensburg)				✕6.25		7.00 (Köln–Essen–Flensburg)			7.59 (Bonn–Köln–Essen–Flensburg)		✕8.05				10.17 (Hamburg–Frederikshavn)		11.18	
89	Aspe						6.34							8.13							
94	Nortorf						6.39							8.19						11.29	
100	Bokel						6.45							8.25							
104	Bokelholm						6.49							8.29							
119	Rendsburg	an	4.45				✕7.04		7.27			8.26		✕8.43				10.46		11.46	
	Husum 132	an												9.57				‡✕12.45		13.38	
	Kiel Hbf 132	ab						✕6.03			‡✕7.14					3.34				‡†9.34	
119	Rendsburg	ab	4.47					✕7.18	7.30			8.29		Sa 8.45 (auch 24. u 31. XII.)		9.04 (Lübeck–Husum)		10.48		11.47	
126	Alt Duvenstedt							7.24	Ⓗ					8.51							
130	Owschlag		Ⓗ					7.29						8.56						11.56	
138	Lottorf							7.36						9.03							
143	Schleswig 135	an	5.02					7.42	7.48			8.45		9.09		9.20		11.06		12.05	
	Schleswig	ab	5.04	a 5.58		✕6.46		7.43	7.50			8.47		9.10		9.21		11.08		12.06	
148	Schuby (Kr Schleswig)	ab		6.03		6.50		7.48						9.15							
155	Jübek	an		a 6.09		✕6.55		✕7.54						Sa 9.21		9.30				12.14	
	Husum 125	an		✕6.51				✕8.31						9.57		9.57				✕13.04	
	Husum 125	ab		✕5.33				nach		✕6.54				8.03						✕11.35	
155	Jübek	ab		a 6.10		✕6.56		Husum		✕8.02				Sa 9.35						12.15	
162	Eggebek		5.17	6.16		7.02				8.08				9.41							
167	Tarp		5.23	6.22		7.08				8.14				9.47							
173	Barderup			6.28		7.13				8.19				×9.52							
178	Flensburg Weiche 134		5.32	6.34	✕7.14	7.19				8.25	✕8.37			9.57					✕12.07		
181	Flensburg 145 134	an	5.37 [1]	a 6.39	✕7.18	✕7.23			8.15	✕8.29	✕8.42	9.12	(Flensburg–Fredericia)	Sa10.03			(Flensburg–Århus)	11.36 (NORDPFEIL)	✕12.11	12.34	
	BD Hmb / Dän St B	Zug Nr											E 959 ◁▶				E 1945 ◁▶				
181	Flensburg	ab											9.47				Sa 11.20	11.48			
193	Padborg 20010	an											9.57				Sa 11.30	11.59			

Ⓗ Mo, auch 27. XII., 3. I., 2. IV. u 22. V., nicht 23. u 30. XII., 31. III. u 19. V.

a = ✕ außer Sa
b = täglich außer Sa
c = Sa und †
f = Mo bis Fr, nicht 21. XII. bis 1. I., 26. bis 31. III. u 19. V.

① ab Hmb-Altona Ⓢ-Bahn-Fahrausweise ungültig
⑥ Hmb-Altona umsteigen

◊ TEE oder IC, 1. Klasse
‡ Busanschluß
◁▶1) † ohne Gepäck- und Fahrradbeförderung

[1] Kein Anschluß an E 825 nach Kiel
■ nicht 24. u 31. XII.
■1) nicht 25. XII. u 1. I.

Kaiser-Wilhelm-Kanal Eisenbahn-Hochbrücken

Über die 1895 von Kaiser Wilhelm II eröffnete, heute No~d-Ostsee-Kanal genannte Schifffahrtsverbindung zwischen Nord- und Ostsee führen zwei bedeutende Eisenbahnbrücken. Die Rendsburger Hochbrücke, die vom Bf Rendsburg schleifenartig in einer mächtigen Rampe erreicht wird, wurde in den 80er Jahren noch von vielen Triebwagenzügen der Verbindung Flensburg-Hamburg befahren. 10 Jahre früher konnte man auf der Hochdonner Brücke noch dampfgeführte Schnellzüge auf dem Wege von Hamburg nach Sylt beobachten und fotografieren.

Elp
Elmshorn

108
3

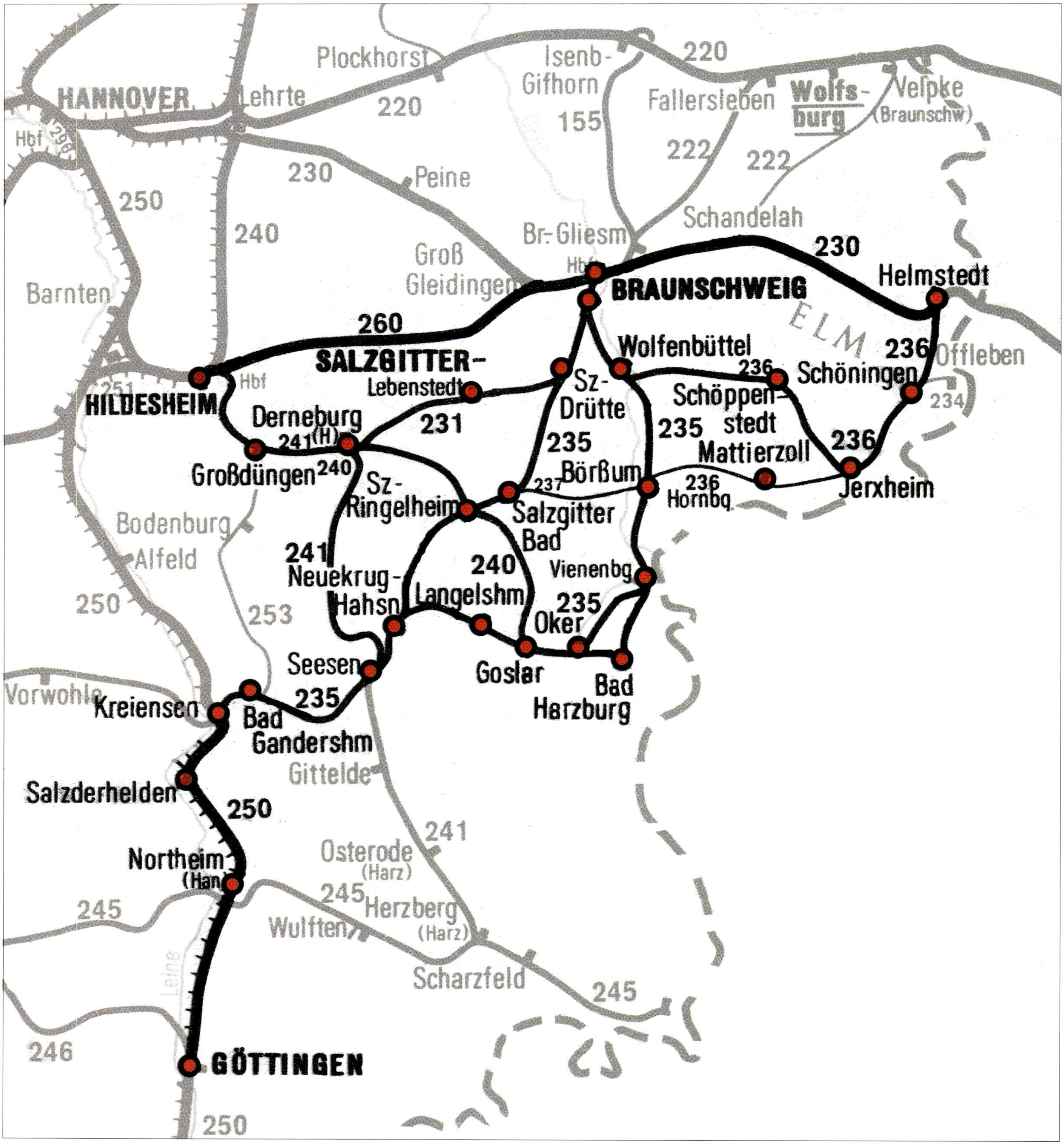

Abschied von den *Eierköpfen* im Raum südlich von Braunschweig

Letztes Einsatzgebiet der im Volksmund als *Eierköpfe* bezeichneten Dieseltriebwagen der Baureihe 613 war der Raum zwischen Braunschweig-Helmstedt-Salzgitter-Wolfenbüttel-Bad Harzburg-Goslar-Seesen-Kreiensen-Göttingen.

Von dreiteiligen Eilzügen zwischen Göttingen und Braunschweig und nur zweiteiligen Nahverkehrszügen zwischen Salzgitter und Braunschweig erlebte die ganze Gegend noch einmal den nostalgischen Reiz des Reiseverkehrs der 50er in den 80er Jahren.

235

235 Kreiensen – Seesen – Salzgitter / Goslar – Bad Harzburg – Braunschweig (– Wolfsburg)

BD Hannover Zug Nr	7608 🚃	E2283	E3535	5109 🚃 2.	E2874	6223 🚃	E2830	6223 🚃		6125 🚃	E 3068 🚃	E3537 🚃				6131 🚃	6129 🚃	N 6133 🚃	E 3123	3511 🚃
Göttingen 250 ab	⚒7.22	...	8.00	...	...	...	8.45	...	...	...	⚒9.53	:10.25	...	...	...	...	...	...	...	...
Altenbeken 255 ab	5.58	...	...	...	...	a6.40	...	...	...	7.51	...	...	...	...	...	...	...	...	...	9.41
				●1)	🚆	2.	🚆	2.❻		2.		◆1)					2.	◆1) 2.	◆4)	
Kreiensen 250. 253. 255. ab	⚒8.04	...	8.40	...	...	⚒9.07	9.19	...	...	⚒10.04	10.23	10.59				...	...	†11.15	...	⚒11.31
Bad Gandersheim 252	⚒8.12	...	8.47	...	...	9.12	9.25	...	...	10.10	10.28	11.04				...	...	11.21	...	11.38
Harriehausen	nach	...		...	...	9.18		...	...	10.17						...	...	11.28	...	11.44
Ildehausen	Hildes-	...		...	...	9.22		Fort-	...	10.21						...	...	11.32	...	11.48
Seesen 241 an	heim	...	9.00	...	...	⚒9.27	9.36	setzung	...	⚒10.27	10.38	11.14				...	...	†11.38	...	⚒11.54
Herzberg 241 ab	...	...	†7.17	⚒7.38	..	...	...	...	...	...	9.44	...				...	...	...	...	...
Seesen 241 ab	...	...	9.04	...	Goslar–Gifhorn–Uelzen–Lüneburg–Kiel–Flensburg / Lübeck–	weiter	9.38	⚒9.42	...	...	⚒10.39	11.15				⚒11.22	...	†11.39	...	⚒11.55
Neuekrug-Hahausen	...	...		...		siehe	Kassel–Braunschweig	9.48	...	...	von Göttingen					⚒11.28	...	†11.45	...	⚒12.01
Nauen (Harz)	...	von		...		rechts		9.52	...	...							...		von	von Ottbergen
Lutter a Barenberge	...	Bremen		...		...		9.55	...	...		11.26					...		Hannover	
Neuwallmoden	...			...		...		9.59	...	...							...			
Salzg-Ringelheim 240 an	...	9.09	9.19	...		...		10.03	...	...		11.32❷					...		11.45	
Salzg-Ringelheim 240 ab	...	9.11	9.20	...		...		10.03	...	...		11.32					...		11.46	
Salzgitter Bad (237) an	...		9.24	...		...		10.07	...	...		11.36					...			
Salzgitter Bad (237) ab	...		9.25	⚒ von		...		⚒10.08	...	...		11.37	...	...	...		...			
Salzg-Beinum	...			Altenau,		...			...	...			...	...	...		...			
Salzg-Lobmachtersen	...			† von		...			...	...			...	...	...		...			
Salzg-Barum	...			Claus-		...			...	...		11.43	...	...	...		von			
Salzgitter-Drütte 231 an	...			thal		...			...	...			...	...	...		Altenau			
Langelsheim 242 ab	...			9.34		...	9.51		...	...	⚒10.52		...	...	...	⚒11.35	11.45	†11.54		⚒12.10
Herzog Juliushütte	...			9.38		...			...	...			...	...	...	11.40	11.50	11.59		12.15
Goslar 240 an	...	9.28		9.42		...	9.58		...	...	10.58		...	...	...	11.43	11.54	†12.03	12.00	12.19
Goslar 240 ab	...	9.38		...	9.48	...	10.04		...	...	11.00	Kreiensen–Braunschweig–Helmstedt	...	...	...	11.45	11.56	...	12.05	12.22
Oker	...			...		...			...	...	⚒		...	...	...	11.49	12.00	...		12.26
Harlingerode	...			...		...			...	...			...	...	...	11.53		...		12.32
Schlewecke (Harz)	...			...		...			...	...			...	...	...			...		12.35
Bad Harzburg an	...	9.50		...		...			...	...			...	...	...	⚒11.58		...	12.17	⚒12.38
Zug Nr	5155 🚃			8251 🚃					515[illegible] 🚃 2.	5159 🚃			8257 🚃	6234 🚃	5161 🚃					
	2.			◆ 2.					□	2.			◆	2.	2.					
Bad Harzburg ab	9.47	...		...	❹9.19	...			Sa10.[illegible]4	⚒10.56		Braunschweig–Helmstedt	⚒ von	...	11.55	...		...	...	⚒12.48
Vienenburg an	9.55	...		...	9.58	...	10.14		Sa10.[illegible]2	⚒11.03	⚒11.10		Dernebg	...	12.02	...	12.08	...		⚒12.56
Vienenburg ab	...	...		...	10.00	...	10.15		...	...	11.10		† von	...	...	...	12.09	...	...	...
Schladen (Harz)	...	...		...		...			...	...	11.20		Salzg-	...	...	...	12.19	...	...	...
Börßum 233. 236. 237	...	...		...	10.14	...	10.28	⚒10.23	...	...			Leben-	von	...	...	12.24	...	...	...
Bornum-Dorstadt	...	...		von		...		↖┘ an	...	...			stedt	Helm-	...	...	12.29	...	...	...
Hedwigsburg	...	...		Derne-		...		...	...	...			nach	stedt	...	...	12.32	...	...	...
Wolfenbüttel 236 an	...	...		burg	10.23	...	10.37	...	...	...	11.32		Wolfs-	12.29	...	...	12.37	...	...	...
Wolfenbüttel 236 ab	...	...			10.25	...	10.38	...	...	...	11.33		burg	12.30	...	...	12.38	...	...	...
Salzgitter-Drütte 231	...	...		10.12		...		...	...	...			12.11		...	...		...	...	...
Salzg-Thiede	...	...		10.17		...		...	...	...			12.15		...	...		...	...	...
Leiferde (Braunschw)	...	...		10.20		...		...	...	...			12.19	12.35	...	...		...	...	...
Rüningen	...	...		10.22		...		...	...	...				12.38	...	...		...	...	...
Braunschweig Hbf an	...	...	9.41	10.28	10.35	...	10.47	...	...	...	⚒11.42	11.57	12.24	12.43	...	...	12.48	...	...	...
Wolfsburg 222 an	...	...	...	...	...	...	...	...	...	...	...	...	13.10	...	...	...	⚒14.04	..	...	...

E 3068 in Göttingen Anschluß aus IC 192 Sachsenross

BD Hannover Zug Nr	6033 🚃	6027 🚃	6137 🚃	E3231	5115 🚃	6035 🚃	E 3070 🚃		6139 🚃		E2643	E3129	5117 🚃	7612 🚃	6043 🚃	5625 🚃	6047 🚃	
Göttingen 250 ab	...	...	...	...	...	...	11.49/a12.07	...	a 12.07	...	:12.39	...	...	...	...	...	...	...
Altenbeken 255 ab	...	...	...	...	...	...	...	...	...	...	11.08	...	...	...	...	...	...	...
	2.	◆		❹	2.	2.			2.	...			2.		2.		2.	
Kreiensen 250. 253. 255. ab	◆	...	d12.19	❶	...	...	⚒12.34	...	⚒12.53	...	13.10	...	...	⚒13.15	...	...	◆	...
Bad Gandersheim 252	...	...	12.26	...	...	...	12.40	...	⚒12.59	...	13.17	...	...	⚒13.21	⚒13.25	...	...	...
Harriehausen	...	...	12.33	...	...	...		...	an	...		...	...	nach	13.31	...	...	...
Ildehausen	...	...	d12.36❺	...	...	...		...	...	...		...	...	Hildes-	13.35	...	...	...
Seesen 241 an	...	...	an	...	...	┌─	⚒12.50	...	...	...	13.28	...	...	heim	⚒13.40	...	...	...
Herzberg 241 ab	...	...	...	...	...	↓	...	...	...	...	12.42	...	...	...	...	...	...	...
Seesen 241 ab	...	†12.09	...	...	...	⚒13.02	⚒12.52	...	...	...	13.30	...	...	...	⚒13.41	...	...	...
Neuekrug-Hahausen	...	12.15	...	...	...	13.08	⚒ außer Sa von Göttingen	...	...	...	– Arnsberg – Braunschweig / Aachen–Düsseld–Wuppert	von	...	...	13.47	...	...	...
Nauen (Harz)	...	12.20	...	von	...	13.13		...	...	...		Bremer-	...	...	13.52	...	...	...
Lutter a Barenberge	...	12.24	...	Kiel	...	13.17		...	...	...		haven	...	...	13.56	von	...	...
Neuwallmoden	...	12.27	...		...	13.21		...	...	...			...	...	13.59	Hameln	...	...
Salzg-Ringelheim 240 an	...	12.32	...	12.35	...	13.25		...	...	...		13.28	...	...	14.03	14.05	...	...
Salzg-Ringelheim 240 ab	...	12.42	...	12.37	...	13.25		...	...	...		13.29	...	...	14.04	14.07	†14.12	...
Salzgitter Bad (237) an	...	12.46	...		...	13.29		...	...	...			...	...	14.09		14.16	...
Salzgitter Bad (237) ab	⚒12.44	12.47	...		...	13.30		...	...	...			...	...	14.10		14.17	...
Salzg-Beinum	12.48	12.51	...		...	13.34		...	...	...			...	...	14.14		14.21	...
Salzg-Lobmachtersen	12.51	12.55	...		von	13.37		...	...	...			...	...	14.18		14.25	...
Salzg-Barum	12.55	12.58	...		Alte-	13.40		...	...	...			...	...	14.21		14.28	...
Salzgitter-Drütte 231 an	⚒12.59	†13.02	...		nau	⚒13.44		...	...	...			...	...	⚒14.25		†14.32	...
Langelsheim 242 ab			...		12.57		⚒13.04	...	...	...	13.43		⚒13.59	...				...
Herzog Juliushütte			...		13.01			...	...	...			14.03	...				...
Goslar 240 an			...	12.53	13.05		13.11	...	...	...	13.51	13.45	⚒14.07	...		14.30		...
Goslar 240 ab			...	12.57	...		13.13	...	...	...	13.53	13.58	...	...		†14.31		...
Oker			...		...		13.17	...	...	...		14.03	...	...		†14.36		...
Harlingerode			...		...		13.25	...	...	...			...	...				...
Schlewecke (Harz)			...		...			...	...	...			...	...				...
Bad Harzburg an			...	13.09	...		⚒13.29	...	...	...		14.12	...	...				...
Zug Nr								8267 🚃	5165 🚃									
									◆									
Bad Harzburg ab			...	...	...		⚒13.33	...	†13.48	...		...	...	...				...
Vienenburg an			...	...	...		13.40	† von	†13.56	...	14.03	...	...	...		†14.44		...
Vienenburg ab			...	...	...		13.41	Derne-	...	...	14.04	...	...	...		...		...
Schladen (Harz)			...	...	...		13.51	burg,	...	...		...	...	...		...		...
Börßum 233. 236. 237			...	...	...		13.56	⚒ von	...	...	14.18	...	...	...		...		...
Bornum-Dorstadt			...	...	...		14.00	Salzg-	...	...		...	...	...		...		...
Hedwigsburg			...	...	...		14.03	Leben-	...	...		...	...	...		...		...
Wolfenbüttel 236 an			...	...	...		14.08	stedt	...	...	14.27	...	...	...		...		...
Wolfenbüttel 236 ab			..	...	...		14.09	...	..	...	14.28	...	...	...		...		...
Salzgitter-Drütte 231	⚒13.00	†13.03	...	...	...	⚒13.44		14.14	..	...		...	...	...	⚒14.26	...	†14.32	...
Salzg-Thiede	13.04	13.08	...	...	...	13.49		14.18	..	...		...	...	...	14.31	...		...
Leiferde (Braunschw)	13.07	13.12	...	...	...		14.14	14.22	..	...		...	...	...	14.36	...	14.39	...
Rüningen	13.10	13.15	...	...	...			14.25	..	...		...	...	...		...		...
Braunschweig Hbf an	⚒13.16	†13.20	...	...	...	⚒13.56	⚒14.21	14.30	..	...	14.38	...	...	...	⚒14.43	...	†14.46	...
Wolfsburg 222 an	14.48	...	...	...	...	...	...	...	..	...	...	...	...	...	...	...	...	...

🚌 Seesen–Salzgitter Bad 2350
Goslar–Beuchte 2403
Bad Harzburg–Braunschweig 2406
Seesen–Bad Harzburg 2407

❶ vom 20. bis 23., 26. XII., 1. I., 28., 31. III., 1., 8., 17. und 19. V.

a = ⚒ außer Sa
b = täglich außer Sa
d = an Schultagen

❸ 🚆 über Goslar
❷ Anschluß an E 3123 Salzgitter-Ringelheim ab 11.46 nach Bad Harzburg
❹ Kurswagen 1. 2. Kl Hamburg—Lüneburg—Bad Harzburg
❺ Ildehausen West
❻ Sa 1. und 2. Klasse

●1) nicht 25. XII.
□ auch 24. u 31. XII.

◆1) † ohne Gepäck- und Fahrradbeförderung
◆4) ⚒ ohne Gepäck- und Fahrradbeförderung

Han

Wie stark Triebwagenzüge den Verkehr in diesem Mittelgebirgsraum zwischen Elm und Harz dominierten, weist der abgebildete Auszug aus der Kursbuchstrecke 235 mit den vielen Symbolen für mit Dieseltriebwagen betriebene Kurse aus.

Die Strecken und Bahnhöfe hatten aber auch dem interessierten Fotografen eine Menge ungewöhnlicher Motive zu bieten. Die nächsten Seiten sollen Ihnen eine Auswahl des Erlebten vor Augen führen und den etwas wehmütigen Abschied belegen.

78

Sof
SEESEN

NEUEKRUG-HAHAUSEN

72
0

AUSGANG UND ZU DEN
ZÜGEN NACH GOSLAR UND
SALZG-RINGELHEIM

Lof
71
8

Salzgitter-
Lebenstedt

Abfahrt
Gleis
3
Nicht einsteigen
E
18 23
Abfahrt
Gleis
Lübeck-
Büchen-
Lüneburg
4
GLEIS 4
Aquarium Kiel

Bilddaten

160o DB 612 508-2 mit 913 602-9 als E 3622 nach Flensburg auf der Südrampe der Rendsburger Hochbrücke am 1.4.82
160u DB 612 616-2 mit 913 603-7 als E 3633 nach Hamburg-Altona auf der Nordrampe der Rendsburger Hochbrück am 1.4.82
161u DB 612 616-2 mit 913-603 am 1.4.82
162o DB 612 505-8 mit 913 602-9 als E 3622 nach Flensburg auf der Südrampe der Rendsburger Hochbrücke am 1.4.82
162u DB 613 615-4 mit 913 608-6 als E 3618 nach Flensburg auf der Nordrampe der Rendsburger Hochbrücke am 1.4.82
163o DB 012 mit D-Zug nach Sylt 1971 auf der Hochdonner Hochbrücke über den Nord-Ostsee-Kanal

Die *Eierköpfe* der Baureihen 612/613 hatten schon Anfang der 60er Jahre den Städte-Schnellverkehr zwischen Hamburg-Altona und Flensburg aufgenommen und damit die Dampflokomotiven vor D-Zügen von der Rendsburger Hochbrücke verdrängt, während im Bäderverkehr nach Sylt noch bis 1974 Dampflokomotiven eingesetzt wurden.

163ul DB 613 615-4 am 1.4.82 Bf Rendsburg
164o DB 612 615-4 am 3.4.82 mit E 3614 im Bf Elmshorn auf dem Wege nach Flensburg
164u DB 613 616-2 am 1.4.81 Bf Rendsburg
165 DB 613 601-4 am 2.4.81 Bf Seesen
166 Übersichtskarte über die in den letzten Betriebsjahren von der Baureihe 613 noch angefahrenen Bahnhöfe im Raum Braunschweig-Göttingen
167 Fahrplan 235 des DB Kursbuches mit Übersicht über die von Dieseltriebwagen bedienten Kurse
168 DB 613 601-4 am 1.4.81 vor Neuekrug-Hahausen
169o DB 613 601-4 am 31.3.81 unter der charakteristischen Signalbrücke vor dem Bf Bad Harzburg
169u DB 613 601-4 am 31.3.81 Bf Seesen
170o DB 613 602-2 am 16.3.72 Bf Helmstedt
170u DB 613 602-2 am 2.4.81 Bf Neuekrug-Hahausen
171o DB 613 601-4 am 1.4.81 Bk Klingenhagen
171u DB 613 603-0 am 1.4.81 Bk Klingenhagen
172 DB 613 615-2 am 3.4.81 Bf Neuekrug-Hahausen
173o DB 613 618-8 m 3.4.81 Bf Lutter
173u DB 613 609-7 am 2.4.81 Bf Neuekrug-Hahausen
174ol DB 613 613-9 am 10.8.83 vor Hahausen
174or DB 613 616-2 am 10.8.83 vor Hahausen
174u DB 613 606-3 am 10.8.83 vor Braunschweig
175 DB 613 609-7 am 3.4.81 Bf Lutter
176o DB 913 608-6 am 10.8.83 Bf Sa zgitter-Lebenstedt
176u DB 913 608-6 am 10.8.83 Bf Sa zgitter-Lebenstedt
177 DB 913 608-6 am 10.8.83 Bf Sa zgitter-Lebenstedt
178o DB 613 610-5 am 1.4.81 bei Seesen
178m DB 613 603-0 am 2.4.81 bei Klingenhagen
178u DB 613 606-3 am 9.8.83 Bf Wo fenbüttel
179o DB 913 605-2 am 2.4.81 bei Seesen
179m DB 613 603-0 am 10.8.83 vor Braunschweig
179u DB 913 603-7 am 19.8.81 Kiel Hbf
180 DB 612 506-6 am 2.4.82 Bw Kiel Hbf
181u DB 612 511-6 am 19.8.81 Kiel Hbf

614 003-2

614 004-0

DB 614

Nach den Triebwagen der Baureihen 612/613 aus den 50er Jahren, die zuerst im Fernschnelldienst und danach dann im Regionalverkehr eingesetzt wurden, und den Baureihen 624/634, die sie in den 60er Jahren ergänzten, setzte die DB auch in den 70er Jahren die Beschaffung von Dieseltriebwagen für den Regionalverkehr fort.

Auch die 70er Jahre zeichneten sich bei der DB durch den Willen zur Sparsamkeit und die damit verbundenen spartanischen Design-Ideen der Fahrzeuge aus. Die Baureihe 614 ist ein typisches Produkt dieser Jahre. Verschwunden ist der Enthusiasmus der 50er Jahre. Die Bahn hatte den aktiven Kampf um Marktanteile gegen Auto und Autobus offenbar für verloren erklärt und beschränkte sich auf die mehr oder weniger gute Erfüllung ihres öffentlichen Verkehrsauftrages, wo Strecken ohne Protest der Bevölkerung nicht stillgelegt werden konnten.

Der schmucklose 614er erfüllt seinen Auftrag still und leise, ohne irgendwelches Aufsehen und ohne Publizität. Technisch gut gelungen entsprechen diese Triebwagen der Qualität ihrer Zeit.

Baujahre: 1971-77
Anzahl: 42 dreiteilige Züge mit je zwei Motorwagen
Hersteller: MAN, Waggonfabrik Uerdingen

Achsanordnung: B'2'+2'2'+2'B'
Kupplung: normal
Dienstgewicht: 124,5 t
Leistung: 2x450 PS
Kraftübertragung: hydraulisch
Höchstgeschwindigkeit: 140 km/h

Die 42 Triebzüge werden natürlich auch zu Beginn des 21. Jahrhunderts weiterhin voll unterhalten und heute auf den nicht elektrifizierten Strecken im Raume Braunschweig – wo sie die im vorigen Kapitel ausführlich vorgestellten Triebwagen der BR 613/913 Mitte der 80er Jahre endgültig ablösten – und auf den Regionalstrecken östlich von Nürnberg eingesetzt. Sie werden auch in den kommenden Jahren, möglicherweise in geänderter Farbgebung, unauffällig, aber effizient ihren Dienst verrichten.

DB
614 020-6

DB

DB
614 060-2

DB
614 084-2

DB
614 083-4

DB
614 059-4

Hochstadt - Marktzeuln
DB
614 053-7

614 070-1

614 084-2

614 038-8

DB
614 001-6

DB
614 075-0

11
8
Gleis 1
DB
614 079-2

Bilddaten

182l DB 614 003-2 am 16.11.82 Bf Schwandorf
182r DB 614 004-0 am 16.11.82 Bf Schwandorf
183u DB 614 084-2 am 31.3.81 Bf Seesen
184o DB 614 001-6 am 6.4.72 Bf Ehrang bei Trier
184u DB 614 020-6 am 8.4.81 Bf Lichtenfels
185o DB 614 057-8 am 1.4.81 Bk Klingenhagen
185u DB 614 060-2 am 1.4.81 Neuekrug-Hahausen
186o DB 614 084-2 am 31.3.81 Bf Bad Harzburg
186u DB 614 083-4 am 31.3.81 Bf Bad Harzburg
187 DB 614 064-4 am 31.3.81 Bf Seesen
188o DB 614 059-4 am 31.3.81 Bf Jerxheim
188m DB 614 059-4 am 1.4.81 Neuekrug-Hahausen
188u DB 614 053-7 am 8.4.81 Bf Hochst.-Marktzeuln
189o DB 614 076-8 am 1.4.81 Bk Klingenhagen
189m DB 614 048-7 am 8.4.81 unweit Hochstadt
189o DB 614 070-1 am 31.3.81 Bf Jerxheim
190o DB 614 084-2 am 1.4.81 Bk Klingenhagen
190u DB 614 038-8 am 18.6.82 Nürnberg Hbf
191 DB 614 001-6 am 3.7.85 Nürnberg
192o DB 614 075-0 am 10.8.83 vor Braunschweig
192u DB 614 079-2 am 9.8.83 Bf Wolfenbüttel
193or DB 614 064-4 am 2.4.81 Neuekrug-Hahausen
193u DB 614 062-8 am 10.8.83 vor Braunschweig

624 605-2

Ausgang
624 639-1

624 503-9

624 630-0

624 667-2

DB 624.5 DB 624.6 DB 634

Ende der 50er Jahre wuchs einerseits der Bedarf an Städteschnellverbindungen auf den noch nicht elektrifizierten Bundesbahn-Strecken. Andererseits mussten die auf vielen Nebenstrecken noch anzutreffenden Dieseltriebwagen aus der Vorkriegszeit schleunigst ersetzt werden. Die Deutsche Bundesbahn ließ deshalb sowohl bei MAN als auch bei der Waggonfabrik Uerdingen je zwei Triebwagenzüge entwickeln, die bei konsequenter Leichtbauweise als dreiteilige Einheiten mit je zwei Motorwagen und einem Mittelwagen ausgestattet sein sollten. Die Baureihen VT 23.5 und 24.5 waren das Ergebnis dieses Auftrages. Beide werden heute als Baureihe 624.5 geführt.

Die beiden Prototyp-Züge erwiesen sich bei ausgedehnten Erprobungen als sehr leistungsfähig und wurden deshalb ab 1964 mit geringen auch äußeren Änderungen in einer Serie von 40 dreiteiligen Zügen geliefert.

Um eine höhere Durchschnitts –, aber auch Spitzengeschwindigkeit zu erreichen, versah man ab 1969 einige Triebzüge der Baureihe 624.6 mit luftgefederten Drehgestellen und einer gleisbogenabhängigen Wagenkastensteuerung, die sich im Dauereinsatz jedoch nicht bewährte und bei den 25 umgebauten Triebwagen wieder abgeschaltet wurde. Trotzdem wurden wertvolle Erfahrungen gesammelt, die später bei der BR 610 verwertet wurden.

Baujahre:	DB 624.5	1961
	DB 624.6	1964-67
	DB 634	1969-72 Umbau aus 624.6
Anzahl:	DB 624.5	4 dreiteilige Züge
	DB 624.6	40 dreiteilige Züge
	DB 634	25 Triebwagen
Hersteller:	DB 624.5	MAN, Waggonfabr. Uerdingen
	DB 624.6	MAN, Waggonfabr. Uerdingen

Achsanordnung: B'2'+2'2'+2'B'
Kupplung: normal
Dienstgewicht: DB 624.5 118 t, DB 624.6/634 112 t
Leistung: 2x450 PS
Kraftübertragung: hydraulisch
Höchstgeschwindigkeit: 120 km/h

Nach durchgreifender Modernisierung werden alle Triebwagen von Osnabrück aus vor allem auf den nicht elektrifizierten Nebenstrecken eingesetzt und auch weiterhin voll unterhalten. Alle erhielten inzwischen den creme-türkisblauen Anstrich.

Die vier Prototypzüge und die 40 Züge der Baureihen 624.6 und 634 werden heute in Mischumlaufplänen eingesetzt. Nach der Modernisierung sind sie in ihren Leistungen praktisch identisch.

GLEIS
2
DB
624 660-7

214
1

DB

DB
624 601-1

DB
624 637-5

DB
634 653-0

DB
634 654-8
BAHNSTEIG 8

DB
634 657-1
F
N4

DB
634 618-3

DB
634 617-5
38

H
DB
624 611-0
Bf

83
1

Bilddaten

194ol DB 624 605-2 am 21.12.82 Dortmund Hbf
194or DB 624 ? am 16.3.72 Bf Helmstedt
194ml DB 624 639-1 am 26.4.83 Bf Bramsche
194mr DB 624 503-9 am 26.4.83 Bf Bramsche
194ul DB 624 630-0 am 26.4.83 Bf Bramsche
194ur DB 624 667-2 am 26.4.83 Bf Bramsche
195u DB 624 641-7 am 9.5.84 Bf Soltau
196o DB 624 ? am 25.2.74 bei Rheine
196u DB 624 660-7 am 24.9.77 Emden Hbf
197o DB 624 ? am 25.2.74 Bk Deves bei Rheine
197u DB 624 503-9 am 6.3.84 Bf Dorsten
198 DB 624 601-1 am 6.3.84 Bf Dorsten
199 DB 624 637-5 am 11.4.84 Bf Dorsten
200o DB 624 625-0 am 4.11.81 vor Braunschweig
200m DB 634 603-5 am 4.11.81 vor Braunschweig
200u DB 634 658-9 am 1.4.81 vor Seesen
201o DB 624 645-8 am 15.7.72 Schiefe Ebene
201u DB 624 645-8 am 15.7.72 Schiefe Ebene
202o DB 624 670-6 am 25.2.74 bei Meppen
202ml DB 634 653-0 am 9.3.83 Bf Börssum
202u DB 634 654-8 am 10.8.83 Bf Goslar
203 DB 634 657-1 am 10.8.83 Bf Goslar
204o DB 634 657-1 am 2.4.81 bei Seesen
204m DB 634 618-3 am 10.8.83 bei Rüningen
204u DB 634 617-5 am 4.11.81 bei Rüningen
205 DB 624 611-0 am 26.4.83 Bf Bramsche
206 DB 624 ? am 24.3.72 bei Marktschorgast
207or DB 634 661-3 am 1.4.81 Bk Klingenhagen

DB
627 007-8

DB
627 004-5

DB
627 102-7

GLEIS
2
DB
627 105-0
68
0

DB
628 018-4

DB
628 001-0

DB 627.0 DB 627.1
DB 628.0 DB 628.1

Nachdem abzusehen war, dass die Schienenbusse der Baureihen 795 und 798 nach bald dreißigjähriger Einsatzzeit ausgemustert werden mussten, ging die DB an die Entwicklung und Neubeschaffung von Ersatzfahrzeugen. In Auftrag wurden einteilige und zweiteilige, kurzgekuppelte Einheiten gegeben. Es entstanden die Baureihen 627.0 und 628.0 mit zur Versteifung gesickten Seitenwänden und Dächern sowie Mittelpufferkupplung.

Die kostengünstigeren Nachfolgemodelle 627.1 und 628.1 besitzen wieder glatte Seitenwände sowie normale Kupplungen. Offenbar gab es Schwierigkeiten mit der automatischen Kupplung der ersten Triebwagen, wie die eingebeulten Abdeckungen es belegen.

Es blieb bei den wenigen Triebwagen dieser Versuchsreihen. Erst eine von 1986-89 gebaute Version 628.2 brachte es auf 150 Einheiten und weite Verbreitung.

Baujahre:	DB 627.0 1974 DB 627.1 1981
	DB 628.0 1974 DB 628.1 1981
Anzahl:	DB 627.0 8, DB 627.1 5 Triebwagen
	DB 628.0 12, DB 628.1 3 zweiteilige Züge
Hersteller:	DB 627.0 und 627.1 LHB, MaK
	DB 628.0 LHB, MaK
	DB 628.1 Duewag
Achsanordnung:	DB 627 B'2'
	DB 628 B'2'+2'B'
Dienstgewicht:	DB 627 36 t, DB 628 64 t
Leistung:	DB 627 390 PS
	DB 628.0 2x275 PS, DB 628.1 485 PS
Kraftübertragung:	hydraulisch
Höchstgeschwindigkeit:	120 km/h

BUCHLOE
DB

DB
627 003-7

GLEIS
2
DB
627 103-5

GLEIS
5
DB
627 007-8

DB
628 003-6

DB
628 001-0
68
0

628 005-1
68
0

Bilddaten

208ol DB 627 007-8 am 30.9.82 Bf Buchloe
208or DB 627 004-5 am 1.10.82 Bf Buchloe
208ml DB 627 102-7 am 30.9.82 Bf Buchloe
208mr DB 627 105-0 am 1.10.82 Bf Buchloe
208ul DB 628 018-4 am 30.9.82 Bf Buchloe
208ur DB 628 001-0 am 1.10.82 Bf Buchloe
209u DB 627 002-9 am 1.10.82 Bf Buchloe
210o DB 627 007-8 am 30.9.82 Bf Buchloe
210u DB 627 003-7 am 30.9.82 Bf Buchloe
211o DB 627 103-5 am 1.10.82 Bf Buchloe
211u DB 627 007-8 am 30.9.82 Bf Buchloe
212o DB 628 003-8 am 12.8.77 Bf Garmisch-Partenkirchen
212u DB 628 001-0 am 1.10.82 Bf Buchloe
213o DB 628 008-5 am 30.9.82 Bf Buchloe
213u DB 628 005-1 am 30.9.82 Bf Buchloe
214o DB 628 014-3 am 30.9.82 südlich von Buchloe
214u DB 628 004-4 am 30.9.82 südlich von Buchloe
215u DB 628 103-4 am 7.9.85 bei Nürnberg-Langwasser anlässlich der Fahrzeugparade zum 150jährigen Jubiläum der deutschen Eisenbahn

Die Bilder der Dieseltriebwagen der Baureihen 627/628 zeigen diese Fahrzeuge noch im Ursprungszustand. Deutlich sind die Unterschiede zwischen den einzelnen Prototypen, die alle vom Bw Kempten aus im Allgäu eingesetzt wurden, zu erkennen.

Da sind einmal die Triebwagen der Reihen 627.0 und 628.0 mit automatischen Schwarzenberg-Kupplungen im Mittelpuffer. Offenbar war es mit der Automatik nicht weit her; die eingedrückten oder provisorisch erneuerten Schutzkappen bei den meisten Fahrzeugen beweisen diese Problematik. Bei der Serienausführung Reihe 628.2, aber auch schon bei den Prototypen der Reihen 627.1 und 628.1 ging man deshalb wieder auf normale Kupplungen und Puffer zurück. Auch die Prototypen wurden 1986 entsprechend umgerüstet

Auffällig sind auch die gesickten Seitenwände der Reihen 627.0 und 628.0, die den Fahrzeugen ein wellblechähnliches Aussehen verliehen und den Wänden höhere Steifigkeit bescherten. Die endgültige Form, wie sie auf dem unteren Bild zu sehen ist, kann in Bezug auf Gestaltung und Farbgebung als gelungen bezeichnet werden.

W

Schienenbusse stellen in der Nachkriegszeit die Mobilität wieder her

Der desolate Zustand und die Unwirtschaftlichkeit des Dampflokomotivparks verlangten zum Zeitpunkt der Gründung der Deutschen Bundesbahn im Jahre 1949 nach einer schnellen Abhilfe, sollte der Auftrag des flächendeckenden Transportangebotes an die Bevölkerung effizient erfüllt werden. Dabei schied bei den Überlegungen die Rückkehr zur Dampftraktion von vornherein aus. Schon Ende der 30er Jahre waren erfolgreiche Versuche mit Dieseltriebwagen in Einmannbedienung gemacht worden. Konsequente Leichtbauweise und Motoren aus dem LKW-Bereich sollten zusammen mit Einmannbedienung die Betriebskosten drastisch senken. Kombination eines Motorwagens mit Mittelwagen und Steuerwagen sollten das Platzangebot entsprechend dem Bedarf flexibel halten.

Der erste Auftrag für die Entwicklung einiger Prototypen ging noch 1949 an die Waggonfabrik Uerdingen. 1950 wurden 12 Schienenbusse versuchsweise in Dienst gestellt. Sie galten damals schon als moderne Fahrzeuge für den Verkehr auf Nebenstrecken. Die praktischen Erfahrungen machten allerdings schnell deutlich, dass das Platzangebot für viele Aufgaben zu klein war und nur eine Falttür an jeder Seite für schnellen Ein- und Ausstieg zu wenig war. Ein verbessertes Modell mit längerem Wagenkasten und auf 6000 mm verlängertem Achsstand wurde 1951 geliefert und zum Prototyp der Baureihe 795.

Ab 1952 konnte mit über 500 gebauten Einheiten die Aufgabe des flächendeckenden Regionalverkehr-Angebotes erfüllt werden und eine erste Ablösung von überalterten Tenderlokomotiven erfolgen.

Die Schienenbusse der Baureihe 795 erfüllten vor allem im Flachland die in sie gesetzten Erwartungen. Für den Einsatz in bergigem Gelände erwiesen sie sich besonders dann als zu schwach motorisiert, wenn aus Verkehrsgründen weitere Wagen angehängt werden mussten. Die Waggonfabrik Uerdingen lieferte deshalb 1953 drei Versuchsfahrzeuge mit zwei Motoren und damit verdoppelter Leistung. Sie wurden zum Ausgangspunkt für die endgültige Form der Schienenbusse mit normaler Kupplung, die von 1955 ab in großer Zahl gebaut und eingesetzt wurde. Als Baureihe 798 ist sie zum Inbegriff des Nahverkehrs in den 50er und 60er Jahren geworden.

Von der Baureihe 798 abgeleitete Schienenbusse aus deutscher Produktion fanden auch bei vielen Privat- und Staatsbahnen im Ausland weit verbreiteten Einsatz. Als Beispiele dafür finden Sie in diesem Buch Bilder von Schienenbussen der Österreichischen Bundesbahn, der Altona-Kaltenkirchen-Neumünster-Eisenbahn und der Montafoner Bahn. Noch heute können gelegentlich von der Baureihe 798 abgeleitete Dienstfahrzeuge im In- und Ausland beobachtet werden.

DB 795

Baujahre: 1952-58
Anzahl: 570 Schienenbusse und Steuerwagen
Hersteller: Waggonfabrik Uerdingen, Waggonbau Donauwörth, Lüttgens, Orion, Rathgeber

Achsanordnung: A1
Dienstgewicht: 13,2 t
Leistung: 110/130/150 PS
Kraftübertragung: mechanisch
Höchstgeschwindigkeit: 90 km/h

Das Sitzplatzangebot von 57 Plätzen reichte vor allem beim Einsatz mit Steuerwagen für die meisten Aufgaben bis zur Lieferung der weiterentwickelten Baureihe 798 ab 1955 aus.

Auffällig sind bei diesem Schienenbus einerseits die primitive Mittelpufferkupplung und zum anderen die durch Stoßfederbügel ersetzten Puffer. Außerdem fehlte im Jahr 1952 auch noch das später vorgeschriebene Dreilicht-spitzensignal. Bei dem hier abgebildeten Modell wurden die anfänglich vorhandenen zwei Stirnlampen durch eine nachträglich einfach auf das Dach gesetzte Autolampe zum Dreilichtspitzensignal komplettiert. Auch die Oberlichter wurden nur bei einigen Fahrzeugen eingebaut.

GÖPPINGEN
Plochingen

GLEIS 53

DB 797

Baujahre: 1961-65
Anzahl: 8 Schienenbusse
1 Beiwagen und 6 Steuerwagen
Hersteller: Waggonfabrik Uerdingen

Achsanordnung. Bo, Zahnräder auf beiden Achsen
Dienstgewicht: 24,4 t
Leistung: 2x150 PS
Kraftübertragung: mechanisch
Höchstgeschwindigkeit: 90 km/h

Die ehemals als Ersatz für die Zahnrad-Dampflokomotiven der Baureihe 97.5 der Strecke Honau-Lichtenstein beschafften Schienenbusse wurden nach Auflassung der Strecke vor allem von Göppingen aus nach Boll bzw. Schwäbisch Gmünd sowie von Plochingen nach Oberlenningen und Weilheim eingesetzt.

Die Schienenbusse der Baureihe 797 unterschieden sich zuletzt nur noch durch geringfügig kürzere Wagenkästen und Achsstände von der Stammbaureihe 798.

GLEIS
74
8

DB 798

Nach dem Erfolg der einmotorigen Schienenbusse der Baureihe 795 ab 1952 wurden schon 1953 drei Prototypen einer zweimotorigen Ausführungsform von der Waggonfabrik Uerdingen geliefert. Nach ausgiebigen Testfahrten vor allem auf bergigen Streckenabschnitten und Änderungen der Laufgestelle wurden sie zur Urform einer besonders erfolgreichen Triebwagenbaureihe der Deutschen Bundesbahn.

In den auslaufenden 50er Jahren und den nachfolgenden Jahrzehnten prägten die Schienenbusse der Baureihe 798 das Bild des DB-Nahverkehrs auf Nebenbahnen in der ganzen Bundesrepublik. Mit ihnen konnten schon bald praktisch alle bisher eingesetzten Triebwagen und Dampflokomotiven der Vorkriegszeit abgelöst werden.

Die ursprünglich nur für einen kurzen Übergangszeitraum gedachten Schienenbusse erwiesen sich als so robust, dass erst in den 70er Jahren über eine Nachfolgebaureihe nachgedacht wurde und erst ab 1986 die Serienproduktion der Reihe 628.2 anlief, die schließlich in den 90er Jahren den Ersatz der Baureihe 798 schaffte.

Baujahre: 1955-62
Anzahl: 329 Schienenbusse und fast ebensoviele Steuer- und Beiwagen
Hersteller: MAN, WMD, Waggonfabrik Uerdingen, Orion, Rathgeber, Credé

Achsanordnung: Bo
Dienstgewicht: 20,9 t
Leistung: 2x150 PS
Kraftübertragung: mechanisch
Höchstgeschwindigkeit: 90 km/h

Der Erfolg der Baureihe 798 führte zu zahlreichen Bestellungen des gleichen oder geringfügig abgewandelten Typs durch ausländische und private Bahngesellschaften.

Noch heute können aus der Baureihe 798 entstandene Dienstfahrzeuge bei vielen Bahnverwaltungen im Einsatz beobachtet werden. Einige Bilder von 798ern der Österreichischen Bundesbahnen, der Montafoner Bahn und der AKN finden Sie am Ende des Buches.

GLEIS
5

MÜHLDORF
(Oberbay)
Gleis
2
Nahverkehrszug
Markt Schwaben

Engers

Bilddaten

216 DB 798 ? am 9.8.77 Bf Freilassing
217o DB 998 828-8 am 9.5.84 Bf Soltau
218o DB 795 240-1 am 7.9.85 Aufstellung zur Jubiläumsparade im Bf Nürnberg-Dutzendteich
218u DB 795 411-8 am 26.8.77 Heidelberg Hbf
219ol DB 795 714-5 am 16.9.77 Heidelberg Hbf
219u DB 795 240-1 am 3.10.85 Bw Bochum-Dahlhausen
220o DB 795 ? am 4.4.74 bei Königshofen
220u DB 795 ? am 25.5.72 Bf Horb
221 DB 795 ? am 24.7.71 Viadukt Altenbeken
222o DB 797 503-0 am 26.4.84 Bf Göppingen
222u DB 797 506-3 am 26.4.84 Bf Plochingen
223ol DB 797 508-9 am 27.4.84 Bf Göppingen
223u DB 797 506-3 am 26.4.84 Bf Plochingen
224o DB 798 759-7 am 11.2.83 Bf Mühldorf
224u DB 798 759-7 am 11.2.83 Bf Mühldorf
225u DB 798 624-3 am 31.8.83 Bf Osterburken

Bokelholm

F

Bilddaten

226o	DB 798 788-6 am 20.8.81 Bf Neumünster
226u	DB 798 885-8 am 11.2.83 Bf Mühldorf
227o	DB 798 632-6 am 18.8.78 Bf Engers
227u	DB 798 658-1 am 16.11.82 Bf Schwandorf
228o	DB 798 803-3 am 4.11.81 bei Rüningen
228u	DB 798 774-6 am 4.11.81 vor Braunschweig
229o	DB 798 ? am 25.5.72 Bf Hochdorf bei Horb
229u	DB 798 802-5 am 1.4.81 Bk Klingenhagen
230ol	DB 798 ? am 6.7.83 bei Regensburg
230u	DB 798 ? am 20.7.79 bei Pfaffenhausen
231o	DB 798 789-4 am 1.4.82 Bf Bokelholm
231u	DB 798 ? am 27.7.78 Bf Freilassing
232ol	DB 798 ? am 14.7.72 vor Hönebach
232ul	DB 798 ? am 26.5.72 im Kinzigtal unweit von Freudenstadt
233or	DB 798 ? am 26.5.72 nahe Altheim-Rexingen
233ur	DB 798 ? am 12.10.71 bei Horb auf der Gäubahn
234o,u	DB 798 ? am 25.5.72 Bf Mühlen bei Horb
235	DB 798 ? am 25.5.72 im Neckartal bei Horb
236o	DB 798 ? am 1.4.82 Rendsburger Hochbrücke
236u	DB 798 ? am 1.4.82 auf der südlichen Rampe der Rendsburger Hochbrücke
237or	DB 798 ? am 27.7.78 Bf Freilassing
237u	DB 798 528-6 am 30.6.82 bei Plankstadt

6581 013-7

ÖBB 5081.0
ÖBB 5081.5

Nach fehlgeschlagenen Versuchen mit einem Schienenbus bei SGP bestellte die ÖBB die in Deutschland und bei anderen Bahnverwaltungen bewährten Schienenbusse der Waggonfabrik Uerdingen, die bei Jenbach und SGP in Lizenz nachgebaut wurden. Auch in Österreich bewährte sich dieser Typ, was alleine schon aus seinem 30jährigen Einsatz auf vielen Nebenstrecken hervorgeht.

Speziell mit Magnetbremsen ausgestattete Fahrzeuge besorgten zuletzt auch bis zur Einstellung der Strecke den gesamten Personenverkehr über den Präbichl. Diese Triebwagen wurden in 5081.560-565 umgezeichnet.

Baujahre: 1964-67
Anzahl: 30 Triebwagen
davon 6 als 5081.5 für Steilstreckenbetrieb
Hersteller: 5081.01-03 Waggonfabrik Uerdingen
5081.11-22 Jenbach
5081.51-65 SGP Wien
Achsanordnung: Bo
Dienstgewicht: 25,3 t
Leistung: 2x150 PS
Kraftübertragung: mechanisch
Höchstgeschwindigkeit: 90 km/h

5081.563

5081.563

6581.03

5081.53

5081 051-4

5081.21

5081.55

Ried im
Innkreis
6581.61

6581.58

6581.54

Ried im
Innkreis
5081.59

Dieseltriebwagen beim 150jährigen Jubiläum der deutschen Eisenbahnen

Für alle Eisenbahnbegeisterten gab es im 20. Jahrhundert zwei Großereignisse, die auf keinen Fall versäumt werden durften. Es waren natürlich die Jubiläumsveranstaltungen zum einhundertsten Geburtstag der deutschen Eisenbahnen 1935 und – für viele von uns erreichbar – die Eisenbahnparaden zum einhundertfünfzigsten Feiertag 1985 in Nürnberg und Bochum-Dahlhausen.

Bei diesen Veranstaltungen konnte man auch längst verschwundene Veteranen aus der Geschichte der Dieseltriebwagen bewundern, wobei sich das Interesse der vielen Eisenbahnfreunde vor allem auf die noch fahrtüchtigen Exemplare konzentrierte.

Neben den eher normalen Triebwagen der Vorkriegszeit sollen zwei Typen den Anfang bilden, die schon in ihrer Betriebszeit Staunen und Verwunderung hervorriefen.

Da ist zuerst der Straßen-Schienenomnibus DB 29-03, der 1953 ein Versuch war, z.B. im Westerwald Schienen- und Straßenverbindungen für den Reiseverkehr zu nutzen. Heute kaum vorstellbar: Aber dieses Unikum ist tatsächlich bis 1967 dort in Betrieb gewesen.

Ebenso kurios mutet der Wismarer Schienenomnibus an, der schon bald im Volksmund *Ameisenbär* getauft wurde. (Baujahr 1936, Butzbach-Licher Eisenbahn)

Altenkirchen – Betzdorf
DB 29 - 3

Noch einmal Triebwagen aus einer längst vergangenen Zeit: Der unten abgebildete VT 175 761 wurde schon 1929 von der WUMAG als Benzoltriebwagen geliefert. Er fällt durch die charakteristischen Dachkühler auf.

Unter den Baureihen VT 135-137 wurden bei der Deutschen Reichsbahngesellschaft eine Reihe von Einheitstriebwagentypen zusammengefasst, von denen noch einige von der Deutschen Bundesbahn übernommen wurden, so der VT 60 531 und der VT 70 919 (auf der rechten Seite).

Mitte der 30er Jahre gebaut, wurden diese Dieseltriebwagen, die immerhin schon 75 km/h fahren konnten – was 1937 noch eine atemraubende Geschwindigkeit für Autos war –, Anfang der 60er Jahre ausgemustert und teilweise an Privatbahnen verkauft.

Bei Beförderung in Zügen nur am Schluss einstellen
Vorsichtig verschieben

Bei Beförderung in Zügen nur am Schluss einstellen
Vorsichtig verschieben

Blick über den Eisernen Vorhang: Reichsbahn-Triebwagen in West-Berlin

Aufnahmen von der Eisenbahn waren in der DDR sehr oft problematisch. Aus was für lächerlichen Gründe auch immer galten Eisenbahnanlagen und -fahrzeuge als geheim und waren deshalb mit einem Fotografierverbot belegt. Die Bevölkerung fühlte sich oft berufen, Übertretungen zu melden. Die Folge: kurzfristige Inhaftierung. Zur Ehrenrettung der Polizei und auch der Stasi muss allerdings hinzugefügt werden, dass die Behandlung immer korrekt und nicht unfreundlich erfolgte und mir nie die wertvollen Filme abgenommen wurden. Dennoch habe ich mich bei meinen Fotoabenteuern ganz auf Dampflokomotiven konzentriert und Triebwagen ausgespart.

Deshalb muss ich mich in diesem Buch auf zwei Bilder von Dieseltriebwagen der ehemaligen DRG beschränken, die zudem die morgendliche Stimmung am *Eisernen Vorhang* in Berlin-Kohlhasenbrück gut wiedergeben. Jeden Morgen fand um 6 Uhr ein Personalwechsel im (von der DR der DDR betriebenen) S-Bf Wannsee statt. Die Mannschaft wurde mit einem alten Triebwagen der Baureihe 137 oder 172 vom Bf Potsdam zum Bf Wannsee befördert Bei Kohlhasenbrück passierte das Gefährt kurz vor 6 Uhr die Zonengrenze. Die ehemalige *Berliner Mauer* ist im Morgendunst im Hintergrund gut zu erkennen

Bilddaten

238o ÖBB 6581 013-7 am 12.5.86 Bf Wolfsberg
238ml ÖBB 5081.03 am 30.5.83 Bf Fehring
238mr ÖBB 5081.03 am 30.583 Bf Fehring
238u ÖBB 5081.59 am 1.5.81 Bf Neumarkt-Kallham
239u ÖBB 5081.564 am 21.5.78 Bf Hieflau
240o ÖBB 5081.561 am 3.6.83 Zfstl Vordernberg
240u ÖBB 5081.03 am 30.5.83 Bf Fehring
241o ÖBB 5081.563 am 3.6.83 Bf Hieflau
241u ÖBB 5081.563 am 3.6.83 Bf Hieflau
242 ÖBB 5081.03 am 1.6.84 Bf Bierbaum
233 ÖBB 6581.03 am 1.6.84 Bf Bierbaum
244o ÖBB 5081.53 am 30.3.85 Bf Ried im Innkreis
244u ÖBB 5081 051-4 am 22.5.87 Bf Ried
245o ÖBB 5081.21 am 30.3.85 Bf Ried im Innkreis
245u ÖBB 5081.55 am 30.3.85 Bf Ried im Innkreis
246ol ÖBB 6581.61 am 30.3.85 Bf Ried im Innkreis
246or ÖBB 6581.58 am 30.3.85 Bf Ried im Innkreis
246ul ÖBB 6581.54 am 30.5.85 Bf Ried im Innkreis
246ur ÖBB 5081.59 am 30.5.85 Bf Ried im Innkreis
247 ÖBB 5081.? am 24.10.78 vor Trofaiach
248u DB 29-3 am 3.10.85 auf der Jubiläumsausstellung der DB im Bw Bochum-Dahlhausen
249o DB 29-3 am 7.9.85 bei der Jubiläumsparade der DB in Nürnberg-Langwasser
249ur Butzbach-Licher-Eisenbahn T 02 am 7.9.85 bei der gleichen Parade
250ol DB VT 60 531 am 7.9.85 vor dem Bf Nürnberg-Langwasser
250u DRG VT 175 761 am 7.9.85 vor derm Bf Nürnberg-Langwasser
251o DB VT 70 919 am 7.9.85 vor dem Bf Nürnberg-Langwasser
251u DB VT 70 919 am 3.10.85 Bochum-Dahlhausen
252 DR 172 004-1 am 3.9.73 Berlin-Kohlhasenbrück vor der Berliner Mauer
253 DR 137 ? am 7.9.73 Berlin-Kohlhasenbrück von Potsdam kommend
254o AKN VT ? am 3.4.82 Bf Neumünster
255o DB 613 620-4 am 1.4.81 bei Braunschweig
256o DB 220 026-9 am 31.3.82 bei Altenbruch

Die Triebfahrzeuge sind aus dem Alltagsbetrieb verschwunden ......aber die Bilder werden bleiben

Alle wesentlichen Bilder unseres Lebens sind im Gedächtnis mit vielen begleitenden Details gespeichert. Unser Problem ist es aber, diese Bilder aus dem Gedächtnis wieder ins Bewusstsein zurück zu holen. Wir müssen unser Gehirn offenbar erst stimulieren, die Bilder der Erinnerung preiszugeben. Das beste Stimulans sind zweifellos ähnliche Bilder. Wie von selbst verdichten sich die eigenen Erinnerungen beim Betrachten von Bildern aus der gleichen Zeit, vom ähnlichen Umfeld. Immer deutlicher treten die Konturen einer längst vergangenen und fast vergessenen Zeit aus dem Unterbewusstsein hervor, verbinden sich zu einem Film, der vor unserem geistigen Auge abläuft und uns noch einmal etwas verklärt die Abenteuer der Vergangenheit präsentiert. Das macht den Reiz von Bilderbüchern aus, denn das Gehirn hat nur die Bilder unseres Lebens gespeichert, die Texte müssen wir in der Gegenwart hinzufügen......

In diesem Buch ging es zuerst einmal um das Reisen in der Vergangenheit. Das Reisen mit dem modernsten Verkehrsmittel, das die Zeit uns damals zu bieten hatte: das Reisen mit luxuriösen Triebwagen der Eisenbahn. Alle, die das Glück hatten, in der Blütezeit mit den Fernschnelltriebwagen durch Deutschland und Europa fahren zu dürfen, werden diese Erlebnisse beim Anblick der Triebwagen von gestern wieder auffrischen können.

Wir alle aber haben in irgendeiner Form die Schienenbusse der Nachkriegszeit erlebt, die uns entweder täglich, vielleicht auch nur wöchentlich zum Arbeitsort brachten oder uns erste Ausflugsmöglichkeiten anboten, längst bevor das Auto unser Standardbeförderungsmittel wurde. Viele von uns haben Triebwagen viele Jahre lang begleitet, ohne dass wir uns dessen damals so recht bewusst geworden sind.

Dieses Bilderbuch der Dieseltriebfahrzeuge soll aber natürlich auch die Eisenbahnfreunde im engeren Sinne ansprechen. Ihnen – von denen ich so viele auf meinen ausgedehnten Reisen kennengelernt habe – ist diese Bildersammlung ganz besonders gewidmet. Wenn Sie selbst fotografiert haben, können meine Bilder vielleicht Ihre Sammlung ergänzen, möglicherweise komplettieren. Ich hatte das Glück, beruflich viel in Deutschland und Europa unterwegs sein zu müssen. Und ich hatte die Freiheit, Zeit für meine Eisenbahnleidenschaft abzweigen zu können. Deshalb fühle ich mich geradezu verpflichtet, Ihnen, den Eisenbahnbegeisterten, ein wenig von dieser Zeit in Form meiner fotografischen Erlebnisse abzugeben.

Ganz bewusst verzichte ich dabei auf ausführliche Texte. Die Seiten des Buches sind mit Bildern angefüllt. Die Texte werden sich beim Betrachten wie von selbst in Ihrem Kopf formulieren. Die Bilder aber laden zum genauen Betrachten ein. Mir macht es immer viel Spaß, die vielen ähnlichen Bilder gleicher oder verwandter Triebfahrzeug-Baureihen nach zuerst verborgenen Unterschieden zu durchforsten. Es gibt viele Varianten zu entdecken. Nicht nur die Dampflokomotiven aus einer schon länger vergangenen Zeit, auch die Dieseltriebfahrzeuge sind bei genauerer Betrachtung weit entfernt von Massenprodukten, bei denen ein Ei dem anderen aufs Haar gleicht.

So schließt sich heute der Kreis. Im 19. Jahrhundert wurden aus Privatbahnen Länderbahnen, im vergangenen Jahrhundert vereinigte die Reichsbahn nahezu alle Eisenbahnen und schuf Einheitsbauarten. Dem jetzigen 21. Jahrhundert ist es vorbehalten, wieder zu Länder- und Privatbahnen zurückzukehren und erneut eine Vielzahl von Triebfahrzeugen modernster Bauart zu schaffen......

Nachwort
Bilder ergänzen Denkmäler und Museumsfahrzeuge

Unser gemeinsamer Ausflug in die Nostalgie der deutschen Diesellokomotiven und -triebwagen geht dem Ende entgegen. Wer hätte sich bei der Jagd nach den letzten Zügen der Anfang der 70er Jahre schnell entschwindenden Dampftraktion vorgestellt, dass knapp drei Jahrzehnte später auch die damals so moderne und von den Eisenbahnbegeisterten gehasste Dieseltechnik nostalgische Züge gewinnt und das nicht allzu ferne Ende der damals brandneuen Maschinen sich schon deutlich am Horizont abzeichnet. Ganz zu schweigen von den schon in jenen Jahren betagten Vertretern der Dieseltechnik, die inzwischen schon längst – oft von der Masse der Eisenbahnfreunde nahezu unbemerkt – den Weg alles Irdischen gegangen sind. Als altes Eisen wanderten sie in die Hochöfen und dienten vielleicht zur Herstellung der Bleche für Ihr inzwischen auch schon verschrottetes Auto. Das ist nun einmal der Weg aller technischen Erzeugnisse in unserem Zeitalter der Massenproduktion.

Und wieder machten viele Eisenbahnfotografen den gleichen Fehler. Hatten sie - mich eingeschlossen – schon viel zu spät mit der Dampflokfotografie begonnen, so übersahen sie bei der Jagd auf diese Relikte der Stunde Null der Technik all die anderen interessanten Fahrzeuge, die in immer größerer Zahl die Schienenstränge bevölkerten. Sie waren überall anzutreffen und also nichts Besonderes – bis, ja bis nach wenigen Jahren auch diese Vertreter ausgemustert wurden.

Ich habe versucht, in diesem Buch die Blütezeit der Dieseltraktion im Bild festzuhalten. Neben den wenigen Denkmälern und den vielen meist mustergültig erhaltenen Fahrzeugen, mit denen echte Eisenbahnenthusiasten einen umfangreichen Museumsbetrieb aufrecht erhalten, stellen Bilder aus dem Alltagsbetrieb der Dieseltraktion die dritte Säule der Erinnerung an diese im Entschwinden begriffene Zeit dar.

Es gibt viele hervorragende Bücher über die technischen Details der Dieseltriebfahrzeuge, mit allen Einzelheiten der Konstruktion, den Leistungsdaten, den Einsatzgebieten und -zeiträumen. Dieses Buch ist ein *Bilderbuch* im wahrsten Sinne des Wortes. Es ist als Ergänzung der Standardwerke gedacht. Und als persönlicher Tribut des Fotografen an eine Zeit, die er zu einer der bedeutendsten seines Lebens zählt. Es war die Freude an der Jagd nach seltenen Objekten, die Begeisterung bei der Planung all der vielen Eisenbahnreisen, der Kontakt mit Gleichgesinnten, das Erlebnis einer in ständigem Wechsel befindlichen Technik und schließlich die Freude über den Erfolg, wenn sich in der Dunkelkammer des Fotografen das aufgenommene Bild abzeichnete. Es war ein vielschichtiges Gesamterleben, das den Reiz dieser Beschäftigung mit der Technik ausmachte. Der Dank gebührt allen, die mir bei der Realisierung dieses Buches geholfen haben. Allen voran meinem Verleger Dieter Krone, der meiner Arbeit immer begleitend zur Seite stand.